Luce Irigaray

J'aime à toi

Esquisse d'une félicité dans l'histoire

我的爱，向你

我们如何抵达幸福

[法]露西·伊利格瑞/著

李晓晴/译

上海人民出版社

献给伦佐·英贝尼（Renzo Imbeni）

译者导读

伊利格瑞的性别差异理论与主体性建构

露西·伊利格瑞虽身处西方后现代哲学思潮之中，却似乎是一位进行建构多于解构的女性主义理论家。她的女性主义以哲学思辨为中心，融合了多个人文、社会学科的研究方法和研究成果，不仅描述解释问题，还提出了解决方案。她以辩证法为路径，在两性身份界定和两性关系的领域进行否定的工作，解构无视性别差异的“中性”和这种“中性”通向的普遍性，进而揭示女性本质的定义缺失以及被男女等同所掩盖的两性差异，使得被遮蔽的两性属性显象。伊利格瑞不仅通过分析女性、男性各自的话语特征，试图把声音还给处于失语状态的“她”和“她们”，还论证了定义女性身份、建构女性主体性的必要性和方式，尤为重要的是，这种新的主体性的构建关涉男、女两性，在伊利格瑞看来，男性和女性都无法基于单一性别妄称整体和企及普遍性，倾听他（她）者的话语既能为两性的理性使用划界，又可为两性间的真正交流留出空间，继而以一种性别差异的普遍性为基础，构建出新的性别文化和两性关系，由此，人类便拥有了在现实中实现无上幸福的希望。

本书的篇幅虽然不长，但其主题和构想都十分宏大，伊利格瑞思考和解决问题的路径虽然大体遵循西方哲学思辨的传统，但也引入了语言学、心理学、神话学、社会学等学科的逻辑。一方面，她继承、批判、推进着黑格尔哲学中的否定的工作，把性别差异问题纳入普遍性和特殊性的宏大母题中，试图消解两者的对立；另一方面，话语分析、心理分析和对两性所处的社会境遇的分析凸显出性别差异性和西方传统文化无力解决的思想困境。于是，她通过拓展他（她）者概念的内涵和外延以及汲取东方文化的部分思想，来调制治愈两性问题的良药。她认为我们需要正视和认可他（她）者的存在和意义，把男女之间主体与客体的关系转化为互为他（她）者的主体之间的关系，并且以此为前提推动法律、文化上的革新。

困局与突破

20世纪80年代伊利格瑞曾与意大利博洛尼亚市市长伦佐·英贝尼（Renzo Imbeni）进行过一次思想上的交锋，这次会面实际上是本书主旨的宣告和预演，作者通过它告诉我们：男、女两性的相会“使实现人类历史中的至福成为可能”。在伊利格瑞看来，这次会面的形式（两性皆有出席，与会者的参与方式从提交书面问题改为当场口头提问）与内容（关于公民法律与权利的探讨）几乎同等重要，她一直强调在群体内部体现性别差异的重要性，因此，相较于女性之间的封闭式组织，她更倾向既有男性成员也有女性成员的组织。正如她所言，问题的关键不是满足女性被以各种名目赋予的即刻需要，而是“唤醒女性并使其拥有一种与其性别相符的身份、权利和责任。女性群体最需要的是中介（médiation）和间离（distanciation）的手段。”她针对西方的物质主义的批判和对传统宗教的全新诠释也体现了其对文化领域革新的探索。伊利格瑞所希望的是，通过构建新型的公民法律来为女性提供个体生成和集体生成的可能性，并且在此基础上建立新型的两性关系。

面对两性关系的困境与当今社会的各种危机，伊利格瑞思考的起点是如何“消除两性之间现存的剥削以便让人类历史得以继续发展”。她深入剖析黑格尔理论中男女的对立性，尝试用差异性取代对立性，即用性别差异中的否定取代黑格尔理论的否定，提出解决自然直接性（immédiateté naturelle）问题的新方案。在旧的方案中，法律面前只存在被抹杀了性别差异的中性个体，家庭中实行男女分工，女性担负起“爱的普遍性使命”，这切断了特殊意义上的她与男人之间的个体化联系，只保留普遍意义上的关系。女性需要承担作为义务的爱情，站在从属和服务的立场承担性生活的义务和生育、照管子女的义务，而且，实质上的母女之爱也被以抽象的普遍性之名禁止。男性公民在公共生活中成为普遍性的肉身化，对他们来说家庭生活是特殊性的场所。两性都遭受着自然与文化身份的割裂，这种割裂也体现为精神和肉体的割裂，以及对以放弃肉身为代价的精神升华追求。性别差异消弭于普遍性之中，构建新的主体性需要完成对这种普遍性的超越，但是作者认为对男性主宰的普遍性的超越不应诉诸于单一性别文化，父权制或母权制都不是理想的出路。男性和女性需要彼此，以完成从自然到文化的过渡。女人接纳自己的女性身份不是让自己屈从于强加的身份模式，而是要回归自我，“在自身之中完成统合以便实现其性别的完满”。身体是精神升华的地方，爱情不是繁衍的工具，而是肉体性和精神性的生成之所。西方文化的困局促使伊利格瑞转向东方文化尤其是印度文化寻求良方，在那里身体兼具精神性和肉体性。她从佛对花对凝视中找到了精神与肉体和解的方式，从瑜伽中看到了培育身体内向性的可能，此外她强调，女人和男人，女性群体和男性群体之间的爱可能是人们获得真正的幸福的途径。

二重性、性别差异与公民身份

伊利格瑞认为，二重性是自然的固有属性，男人或女人都受制于各自的有限性，无法独自代表人类整体。她批评既存的普遍性以及在该框架内被定义的理性逻辑，提出以二重的自然性为起点重构理性。既定秩序强加给两性的模型导致男人和女人的异化。为了避免理性的过度使用，有必要构建一种回归现实的新的普遍性。在这种普遍性中，男性放弃基于单一而非二重的精神性，不再用单一代表整体，承认人类本质由两性构成，男性和女性都不作为整体而是作为“二分之一的人类拥有自由”。

在伊利格瑞看来，现有的对人的理解和语言都停留于基本需求层次。父权制中女性沦为财产，女人之间的关系遭到排斥，女性文化的缺失导致女人不像男人那样拥有与其主体性匹配的身份模型。她希望建立新型文化，使得男女两性都以主体的形式存在，如此一来两性关系的基调是和谐而非支配—服从，这种体现主体间性的新模型通向真正的交流。为此，两性要摆脱既有秩序中各自的身份，男性需要放弃对自然和主观性排布的支配，女性则需要拥有主体性。她强调母女关系对构建女人主体性和定义女性文化的作用。性别差异体现的普遍性在于作为男人或女人的个体的普遍性，它摆脱了“我”（主体）与“你”（客体，他者）的叙事而构造出“我们”（既不相同也不对立的两种主体）。

新式法律使公民身份与对财产的获取和保护脱钩，保证人而非财产。两性差异代表的二重的特殊性构成了新的普遍性，它超越自然直接性，既避免一些人成为单一、唯我的主体，又防止另一些人沦为财产。金钱依赖导致人的异化，与性别差异匹配的公民法律“作为在自身和为了自身的主观意志之间的辩证工具发挥作用”，构建这类法律有助于人们摆脱金钱的支配。公民身份对应着男、女出生时的状态，无论男、女都生而具有成为公民的权利，这种对人的重新定义必然导致对法律的重新定义，而法律体现的正是社会运行结构的深层逻辑。

他（她）者与他（她）者认同

伊利格瑞以评价《窥镜，论他者女人》(Speculum, De l'autre femme）一书标题的各语种翻译为引子，评价各个标题翻译版本的准确性，解释她为何在名词意义上使用l'autre一词，说明如此命名的真正意图，并且探问他（她）者的定义，她试图揭示众多他（她）者的相异性，该相异性与两性差异呼应。如果说她在《窥镜》一书中尝试"构建一种让独属于女性主体的辩证法成为可能的客观性"，那么在本书中她着重论证的则是以两性与其自身关系的辩证法为基础的两性之间的不可消减性。此外，还有必要基于女性主体视角来定义女性，如此女性才能摆脱父权制强加于女性的精神性，构建出女性身份的新模型，作者认为这是实现女性解放的必要步骤。因为该模型依据的是女性的主体性，所以它必然不同于以男性为模版的中性人类模型。

在书中，伊利格瑞还尝试从社会语言学的角度解读女性获取一般性身份的困难。她反思了主语人称代词"他（il）"和"他们（ils）"的使用并且指出，要想在同为主体的男性和女性之间建立精神性关系，就要为"他"和"她"重新赋值。伊利格瑞通过大量社会语言学调查示例，展示出日常语言中人们对“他（们）”和“她（们）”使用的不平等。在女人的成长过程中，她话语里的“你”和“我们”所指代的人呈现出从“她”“她们”转变为“他”“他们”的趋势，如果说小女孩和她母亲的对话隐喻了女性原初的自我意识以及社会化之后女性自我意识的部分丧失，那么伊利格瑞对法律和语言的关注则代表着女性在文化秩序中挣扎着摆脱客体化命运，找回失去的女性身份的努力。

大量的社会语言学调查示例为伊利格瑞论证两性在日常语言使用方面的差异性提供了充分的论据。两性构建关系的不同方式，对交流行为的不同界定和不同的重视程度，决定了该领域女性所寄予的希望与现实的反差。根据两性用词的不同倾向，伊利格瑞总结道：女性寻求交流，男性关注事物。若要把交流对象视作真正的主体继而构建关系，人们需要以不同的方式使用语言中的各个元素。两性其实面临共同的挑战，即个性的丧失（女性被混同于“他们”，男性融入集体性），其根源在于不具有身体性的精神和真理以差异性为代价吞噬着生命的能量。我们急需澄清男女平等的诉求的真正含义，它不应该是消除了性别差异后的，都是抽象中性的男女之间的彼此相等，而应该是一种对具有性别差异却又同为主体的男女之间的兼具自然性、精神性、文化性的新型的两性关系的追求。我们实现这一目标的方式是通过语言培育能量，而不是消耗能量。女性和男性所处的交流困境不尽相同：女性有主动交流的意愿，却很少以同性为交流对象，在西方传统现有的文化框架内女性的意向性指向他（们），没有返回自身，这对实现真正的交流对话构成了障碍；远离自然直接性和感性直接性的男性个体则被消解为一个个孤立的存在，他们之间并不存在真正意义上的交流。伊利格瑞希望寻获的是一种能促成真正意义上的交流的语言，以及一种让男性和女性和谐共处的方式，实现该目的的路径是对他（她）者的承认。

承认他（她）者意味着承认他（她）者的不可消减性，我与他（她）者不可等同更无法同化，他（她）者是和我一样具有主体性的存在，我与他（她）者构成的我们包含两个彼此平等（但绝不相等）的主体。我与他（她）者之间的差异性是绝对的，我们在忠于各自本质的前提下承认对方、彼此交流，构建更加幸福的社会。男女两性都需意识到各自的局限，不以单一替代二重，不以部分充当整体。男性需要批判和超越那些损害主体间性以及对他（她）者的承认的工具；女性需要在性别归属的基础上构建女性的主体性，通过间接性关系来克服自己与他（她）者之间中介的缺乏。

用另一种方式去爱

伊利格瑞将“我爱你”（Je t'aime.）改为“我爱向你”（J'aime à toi.），由此直接关系转变为间接关系，而带有中介的间接性意味着在保证自身主体性的前提下承认他（她）者。“我”与“你”之间不是占有和掌控的关系，“我”和“你”作为主体在各自保持自我的前提下以语言交流的方式建立关系，因此都不会沦为客体，我们各自的意向性能达到契合状态。倾听他（她）者的声音不是止步于信息的传递，而是兼顾情感层面的精神性交流和基于逻辑的思想性交流，这两者不应是割裂的。“你”的话语是“独特而不可消减的”，它对于“我”来说是未知的，存在于“我”的经验之外，由此，我所承认的不只是“你”的话语的存在，还有它代表的未知性和不可归并为“我”之话语的独立性，“我”只能通过倾听它来探寻它蕴含的真理。承认“我”和“你”的有限性，保持沉默以及其象征的开放性，尊重语言的可变性都是倾听的必要条件。伊利格瑞注意到，沉默从某种意义上打开了自由的空间，而只有在这样的空间中的“你”，才不再与“我”同一、与“我”相似，才是真正意义上的他（她）者。

气息在伊利格瑞的理论中如此重要是因为它被视作主体性的表象之一，呈现出呼吸的能力、方式。气息的凝滞对应着偏颇的既定象征秩序，它导致与气息紧密相关的话语失去其自然生成的根基。我们需要重新诠释“天使报喜”之谜，将之从单向的告知转变为双向的交流，由此，话语与身体在不停歇的相互转化中共同作用于主体间性的构建。为了给两性各自的主体性留下空间，作者将“直接”施加于对象身上的动作改为“间接”，以“间接”的方式进行的话语交流和爱恋，这样做不仅可以充分尊重性别差异性，还能有效地避免消解、融合对方主体性的危险，主、客体的对立和之前统摄主体的唯我论也不复存在。同时消失的还有中性概念，伊利格瑞质疑其实在性，认为它非但不是通向普遍性的途径，还遮蔽了男、女的差异性。

在女性一方，重新定义公民身份的途径是与权利相关的法律层面的变革和与爱情相关的文化层面的变革。父权制社会对女性身份的抹杀导致两性都承受着不成熟的主体间关系的后果。爱人者和被爱者，主动者和被动者之间泾渭分明，主体之间的爱让位于主体和客体之爱，改变这一切需要引入另一种话语模式，即更好地尊重双方主体性的非权力性话语模式，伊利格瑞对“天使报喜”的重新诠释正是该模式的再现。以话语交流和相互尊重主体性为基础的新的两性联盟，也许最终将帮助人类实现其历史中的至高幸福。

伊利格瑞勾勒的两性关系图景

本书作者从某种意义上重新诠释了一直以来都是女性主义的追求之一的性别平等概念。在作者看来平等并非意味着等同，男人和女人对各自性别属性的接受和忠实是两性各自重新构建其主体性的基础，两性的平等是同为主体、互为他（她）者的男、女在保有差异性的前提下实现的平等。这种平等不再是于思辨领域确立的抽象的平等，抽象的平等背后是中性概念，伊利格瑞质疑中性概念在经验上的实在性，将经验的而非先验的性别差异纳入考量，而性别差异作为主体性的基础本身就是一种普遍性。作者强调性别差异的原因之一是抽象的中性遮蔽了真实存在的两性，不过这种对于中性在现实中和理论上的实在性的质问也可能会引发性别差异是否会遮蔽人的共性的疑虑，以及强调两性的特性是否会对某些时候作为对话基础的共性形成冲击的担忧。

作者真诚地与男、女两性对话，希望建立良性的两性关系，实现两性和解和更好的共存。如果说语言符号被用于建立象征秩序，那么通过描述语言现象也许能揭示语言背后的社会即成秩序。伊利格瑞在分析男女两性之间的交流困难以及被扭曲的母女关系时，正是从对社会语言现象的观察入手。因此，当她提议“倾听他（她）者的话语”时，这种倾听行为兼具具体和引申的双重含义。他（她）者的声音由两性发出，以两性为对象，倾听需要来自双方的努力。伊利格瑞实际上是在另一种意义上为理性划界，界限是他（她）者的不可消减性，男性或女性都受限于自身的一般性身份，他们都是理性的一部分而不是整体，不是完整的理性。作者的声音也是他（她）者声音的一种，她指出了一种可能的努力方向以及实现目标的可能的路径。无论赞同还是反对这种来自法国左翼内部的声音，无论对作者的思想有怎样多样化的理解，伊利格瑞在书中都为两性未来的生成打开了更广阔的可能性的空间。

关于翻译

作者在书中语言风格多变，既有呈现社会语言学调查结果的平实叙述，也有哲理逻辑性强的思辨剖析，最后部分的行文更如诗篇一般。通观全书，随着主题的深入，论证的语言也逐渐走向诗性的语言。关于题目的翻译，最初的版本是《我爱向你——关于人类历史中至福的纲要》，后来也考虑过《我爱向你——步入人类历史中至福的图景》。作者使用原本具有宗教意义的“至福”（félicité）一词，之后又加入“人类历史”为注解，说明她指的是历史现实意义上的幸福，而中文读者对幸福概念的原初理解大都本来就不带有宗教属性，所以最后根据编辑老师的意见选择不直译标题，此外，对“我”与“你”如何形成“我们”的探讨是本书主旨之一，这三者在标题中的在场也是出于契合主题的考虑。

在翻译过程中遇到的另外一项挑战是 l’autre 一词的翻译。该词一般译为“他者”，在书中关于作者其他著作译名的讨论中，也是使用的这一译法。不过为了彰显作者提出的 l’autre 之中的差异性和丰富性，这次也尝试较多地使用了“他（她）者”，这也是为了较为直观地再现作者提出的“现实是二重的”的论断；此外，在译本中较少使用“她者”，这是因为这个词不仅指性别属性，而且根据作者的原意“她者”是一个还未面世、尚待建构的概念，所以中译只在其具有以上含义时于少数几处谨慎地使用过该词。

翻译本书的整个过程都离不开马瑞瑞老师耐心的指导和包容，感谢赵靓老师的信任，感谢张蔷老师通读全文并提供了很多极其宝贵的修改意见，没有她们的支持和鼓励就不会有这版译本。还要感谢 Camille POULAIN 先生，他解释澄清了若干语句的含义，焦宏丽老师也耐心地回答了译者的各种问题。虽然译者希望能尽量忠实地转述原著作者的思想，但因水平所限不免有错漏之处，还请各位读者指正。

目　录

前　言

1989 年 5 月 30 日在博洛尼亚，在这座红色城市中最符合该色彩的圣多纳托街区（San Donato），我与市长伦佐·英贝尼（Renzo Imbeni）进行了一次会面，彼时他当选了欧洲议会议员。这次邀请围绕着以下讨论主题展开："拥有新式法律的欧洲"。该中心议题符合以法学院闻名的博洛尼亚大学的传统。这场讨论的主题甚合我意，在我看来，明确定义符合男性和女性真实个人身份的司法权，是民主应当优先实现的目标。

不过于我而言参与这场讨论还存在一个困难。此次邀请的调停人是一位来自支持性别混合政策的政治团体的男性，这是一场与一位男性的公开会面。即使这样的会面以建设性的方式契合了我的目标，但它依然还存在一个问题：如何避免震惊或伤害到该政治团体的女性负责人？我曾为此警告过那些国家性团体的女性代表们。这一举动引发的动荡如此之大以至于我曾以为会陷入无法摆脱的漩涡。这其中包含着对男性提出的女性收复权益议题的猜疑，增加公开场合非性别混合演说的诉求以及让女性主导这次会面的意愿。就这样，一个承认女性权威的举动引发了争议，把问题复杂化，让人感到疲惫不堪并且在该场合中造成了无用的消耗。批评和诉求的惯性凌驾于对事实和关键问题的评估之上，这样的反应使得我更加确定我们需要客观法律来组织女性关系以及女性和男性之间的关系[1]。

这种必要性对于女性一方尤为迫切。从积极层面定义现实权利和义务的公民法律尚处于缺失状态，这让女性只能参照主观的标准。因此对于女性群体来说，她们认同的规则和指令至多不过是某些女性被其他人采信的话语和观点，采信的原因要么是因为人们相信这些就是真理或她们心中的真理，要么是出于对她们大致有意识地认可的权威的服从，要么甚至是基于大众投票。

尽管某个集体对某个提议立刻表示支持是非常诱人的举动，但是，只要她们或者他们所有人都能在其

1 关于这一点，我曾通过《两性的公民权利与义务》（法语版载于《差异性的时间》，图书文献出版社 1989 年出版）发声，该文发表于 1988 年佛罗伦萨 Unità 节之际。

决议中咨询及援引的法律和规章尚未问世，那么民主都无从谈起。大会投票一般只涉及当时在场的人，即某些明确声称其政策是基于利己主义的激进人士，与那些国家机构或者党派的人为复杂化的规划相比，我部分认同她们的观点。但是这些直接民主或者唯我女性主义（féminisme égologique）的拥趸的出发点是她们自身，是她们现实或想象中的需求和意愿，而不是所有女性的需求和意愿，她们事实上让女性整体再次臣服于既存的法规。她们无视为所有人——包括现在和将来的女孩们以及其他社会文化中的女性——立法的必要性，这些群体的决议会延续甚至（因为没有现实基础的误解）恶化针对女性的不公。更何况，由于缺乏对女性性别以及赋予该性别个体和集体实质的客观品质的积极定义，这些女性少数派经常通过与另一性别的对立和对两性融合的拒斥构建自身。但是这样的消极态度不足以得出有效的判断或建立公正的社群。它只是某种流于表面的男性对女性排斥的对等物，现今这种排斥已不那么明显，因为习俗已转化为规范或集体意愿并且以这样的形式被人所接受。

报复并不是一种体面的政治或历史工具。而且它还会分化那些本应在不构成对立的前提下就能被辩证化的理念，它会导致争端和战争。这是我对黑格尔提出的首要反对意见：战争是非理性且无用的。两性间的战争不但无用而且不可能发生，因为存在（个人层面以及群体层面的）男女之爱，到目前为止这种爱还未曾升华，如果它能够得到升华，那么战争这种解决方式将变得不值一提。

自然，如果女性之间的合谋能为所有女性，为人类整体带来司法上的进步，那我如何能不为之欢呼并加入其中呢？很长一段时间以来我都期冀并践行着这种默契，然而我并没有忘记契合我意愿的性别差异的远景。因为对于封闭性女性团体（entre-femmes）来说，其核心问题在于她们在不产生客观性思考的前提下发展出了某种单一性别意识，而客观性思考对所有女性以及两性关系都是有助益的，封闭性女性团体仅服务于某些女性而非全体女性，这些女性的目的是片面的，但她们不承认这一点。她们依然受困于某种自然的直接性（immédiateté naturelle）或自感不幸的意识，这是女性的传统宿命。这样一来，她们就把自己未经思考的意图误当作法律模板或让所有女性甚至全人类幸福的途径。

无论是人类历史（Histoire）的滞后性，女性迟来的介入历史的能力，还是她们长期遭受的剥削以及现今依然经历着的苦难，这些都不再是能不加检视就援引的论据。某些女性已经开始利用起了包括媒体在内的权力策略，这些策略协调一致但并不总是服务于被剥削的女人群体，这些女性群体只是她们的托词，她们有可能会妨害这些女性群体的意识觉醒。而在人类历史中，事物的演进既迅速又迟缓。重要的是帮助她们走上或者回归到正确且有前景的道路。这就要求我们避免保持过强的追讨心态，这会让我们付出代价，损害对历史债务以及（尤其是）人和真相的承认。

在今天，专属于女性性别的客观决策的缺乏，导致女性之间存在过多的争议。也许一个性别有必要学会与其自身对立，但可惜的是，这种对立还没有体现在每个女人身上，或者说至少没有体现在每个女性主义者心中，她依旧将自身内在的矛盾投射在其他女性身上。而且令人遗憾的是，用世系方式分配角色的解决方案取代了女性之间真正的探讨辩论，这种解决方案回避了女性之间的（黑格尔意义上的）否定的工作。如此一来，某些女性自认为是其理论及政治上的先辈的“女儿”，但她们中的大部分人却往往没有以这些先辈为参照，她们只是择选了先辈著作中因大环境而已经成为过去时的某一部分内容，只在自己人范围内将之为己所用，使之成为单纯积极意义上的关乎存在与生成的核心问题。值得注意的是，这些“女儿”为了进行上述操作——就像弗洛伊德描述的原始部落中的儿子们那样？——将其“养母”驱逐出了姐妹构成的联盟，她们甚至似乎放弃了这一联盟，然而，正是姐妹之谊（sororité）实现了妇女解放的主要理论和实践，姐妹之谊更具精神指导性和革命性。

虽然说只汲取著作的一部分无疑比将其全然弃置不顾要好，支持女性世系肯定比让其消亡要好，但是，该行为的意义依然是模棱两可的，因为它具有以下风险：它堵上了一条对于很多人来说更自由、更可行的道路，这也是一条更真实的道路，因为它更实际、更辩证且更加面向未来，同时它也更为民主。

为了实现这样的未来，只满足一个女人即刻的需求或欲望是不够的，也不应只是简单地给予她帮助，让她获得她想要的东西，即使那是属于智识层面的东西。问题的关键是唤醒女性并使其拥有一种与其性别相符的身份、权利和责任。女性群体最需要的是中介（médiation）和间离（distanciation）的手段。直接性（immédiat）是她们的传统使命——它与一种纯粹抽象的义务关联——但是它重新让她们处于男性群体的精神支配之下。如此，赋予一个女人她想要的却不使其知晓中介的迂回，实际上仍是一种带有父权色彩的行为，对于她来说这种做法依然是存在缺陷的。

固步自封于女性之间的情感关系还会带来另一种风险：这会将女性的自由引向误区，使她们无法回归自身，继而不能构建专属女性的意志和历史。对于女性群体来说，让她们在私人和公共生活中拥有专属的意识以及让女性能够行使该意识的中介，比施与她们直接的感性之爱更有价值，因为后者徒有诱人的名号，实则是因性别差异化文化的缺失而形成的异化和空想。我认为完全没有必要诱导女性群体在那天晚上参与一场局限在女性内部的不太有新意的活动！我们在那天晚上谈到的计划绝不会在短时间内实现……单一性别教条的支持者们知道这一点。她们更接近于传统中关乎女性群体与男性群体关系的那些派别[1]，她们对现存

1 关于这一点参见《窥镜：论他者女人》(1974年于午夜出版社出版)，特别是书中把我们的传统作为一种文明加以分析和解读的主线内容，该文明的基础是自我身份，对同一性的热爱和思考，以及自认为是象征秩序化身的组织中，自我映射和单一化性别（homo-sexualité）拥有的优势地位。

机构和教条的干扰其实远小于男、女各自地位的实际改变。所以，她们能够获得来自权力机构的有效支持丝毫不令人惊讶，这种支持要么显而易见要么更为间接，但是，权力机构拒绝推行与女性身份相符的法律。几世纪以来有意无意地建构出这些权力机构的不正是单一化的性别理念吗？而那种与之并行且同属一类的组织除了进行一些针对结构机理的调整之外，很少会提出针对权力机构的质疑。

一些人要求主观性和自由赋予女性群体法律，但又不去定义女性的客观权利，这种做法似乎是一个虚幻的解决两性间历史性等级制的方案，它可能会迫使女性屈从于那些在唯我逻辑的（égologique）盲视中颁布空洞论断的权力，而这种盲视常被误当作集体的福祉。关于这一点有必要提醒大家，拼凑出多数赞成并不等于践行民主主义。

为了表达真实的意愿而非浮于表面的渴望，女性群体应当消解与女性身份相关的——尤其是与女性的历史身份相关的——主观与客观之间的对立。走出这一步十分艰难，因此我们需要铸就客观的范畴和壁垒才能为女性争得个体生成和集体生成的可能。我们能以最快、最和平的方式构建的就是公民法律。该步骤可以在性别混合的指导框架下得以实现。

意大利共产党[1]的一位党员入选欧洲议会，为此，该党于1989年5月30日在圣多纳托举办了一场政治集会，而以上就是我在这场集会上想向参会的女性和男性提出的目标。它契合了向我发出的邀请，也符合我在这场集会上提出和支持的动议。我忠实于自己的身份和使命。我把我的未来，把属于我们女性群体的未来托付给它，我以此来为它的生成助力，而它已经可以被表述为法律，这类法律对我们来说是不可或缺的[2]。

我对我的对谈者知之甚少。我在其党派的第十八届大会上发言之后，他曾公开向我表示敬意。但当时我尚未完全理解他这一举动的意义。

所以当时我是同一位陌生人一起置身于某种对我来说全新的情境，我需要借助非母语的语言来交谈、

1　对于绝大部分意大利共产党的成员来说，该党已成为左翼民主党：P.D.S.。

2　关于这场辩论的导入部分的内容可以参见《我、你、我们》（1990于格拉塞出版社出版）中“为什么要对性别差异性法律加以定义”一章里对第三、第四个问题的回答。相关综述也见于本书的结论部分：“爱：游走于激情与礼性之间”。

倾听和回复。但是这样的政治安排符合我的愿望。我对此不抱疑虑。我为自己制定了目标：为适宜生存的未来而努力。

那天，我走进人头攒动的大厅。那里有他的支持者，也有我的信众。他的支持者中既有成年人也有孩童，他们自然比在那儿等待我或排斥我的人们更具组织性。他的“族人们”已然形成了一个社群，而我的受众只怀有听取和评判的希冀、热望、迫切。在他一方，大部分穷人都已变得富有，而我的信徒们却依然身处贫乏，不过有时他们也不失傲慢。他与其民众驻守在一座城中；而我激发的个体觉醒或集体运动既没有名称也没有庇护之所。他为公民们服务，他们中的大多数都与他同心同德，因为他是他们选举出的代表，我座谈的对象则是那些反叛者，那些拥有叛逆精神和疯狂灵魂的人。他被友人环绕，而我这边则鲜见这样的人。

不过事情并非这么简单。有时，业已存在的事物已经耗尽了其一部分的必要性，而应当崭露头角的事物却找不到发声之所。如果有一处空间能向他们敞开，那就可能发生以下情况：反抗者们预言未来，诚实的公民却受限于日常生活的现实和显而易见的事实，而这些是无法为我们勾勒出可能的未来的。

然而在那天晚上奇迹确实发生了。我们发声、交谈：他和我，他的公民和我的反叛者们（其中既有女性也有男性）。在我们和这些男性、女性之间，真相、质询、激情、忠诚以及发言轮番上演。在至少三个小时的时间中，我们在一起相互交流意见。

这次会面甫一开始我就更改了流程。他和我本应回答一些书面问题。但是，我既然来到这里就是想和对话者们进行真正的面对面的交流。我希望能见到他们，听到他们的声音，与他们当面交流。人们难道不是因为远距离交流，因为疏远、分离才使用书写这种交流形式吗？书写不就是由业已部分掏空实体的抽象词语构成的吗？我远道而来难道只是为了读那些已被写下的问题吗？如果他的公民们去集会是有具体事项要询问他，那么那些为了听我讲话才去那里的男男女女们又能期待些什么呢？他们并没有特殊的期望。除了现身集会，发表几段讲话，从主观和客观层面呈现一部尚未存在的法律之外，我便再没有什么可以提供给他们的东西了。

书面问题很正式，这种形式无法很好地承载上述需求或愿望。如果我们能够让人们都平静地发言，每个人的提问时间都不超过满座会场中一个人应占用的时间，每个男人和女人都对自己和他人保持尊重，这就已经差强人意了，不是吗？

我之所以改变流程还有另一个动机。那一晚，我们都是要被聚集起来的女性和男性。集会的核心议题带有政治属性。它关乎构建欧洲所必需的权利。发言权难道不就是那天晚上女性群体所获得的第一项权利吗？就现有权利而言，在这种情况下，我们只能以相对正式的方式斗争：那些相关的误解过于彻底，且具有极深的历史渊源，哪怕对于左派中的大多数人也是如此。不过，我们却可以提议立刻做出以下相当不寻常的民主姿态：邀请任何想要发言或敢于发言的人们发声。为了使女性和男性都有机会发言，我希望组织方可以交替地从女性群体和男性群体中选出提问者，如果可能的话，也希望提问者能轮流向讲台上的男性和女性发问。近几年我都是这样做的，这样做的好处是能帮助每个性别在另一个性别面前发声，并且让性别差异的实在性和丰富性开始得以展现。

因此，论辩以口头的形式进行，流程安排与最初的设计不同。这在人群中引起了一些骚动。该政党的男性和女性们不太适应我临时做出的改变，一些人最初从我的行为中只看到了某种知识分子的狡黠。不过，如果说组织者们受到触动并且见证了某种程度的不满，伦佐·英贝尼则完全没有受到流程变更的干扰，他镇定地接受了我的提议。

从政治层面来说这种态度是正确的。以下几点尤为重要：我们要向所有女性和男性证明，一场文化领域的革命依然是可能的，这场革命能够在非暴力的前提下得以实现，它最具意义的意向在于这个时代女性（群体）和男性（群体）之间的直接关系，在于1968年的遗产[1]与一个诚实且文明的左派政党的传统之间的关系。如果说这一关键问题几乎在世界范围都有意义，那么在博洛尼亚市则更是如此，因为大学生们曾在这座红色城市抛洒热血，意大利共产党更应当担负起这项责任。这就是我想到的意义。我觉得他也是如此。

1　此处指1968年发生在法国的红五月运动。——中译注从他（指伦佐·英贝尼）的反应看来，我认为他是一个值得信任的人，他能快速理解并且思虑周全，这不同于政治团体人士的僵化和刻板。

在整场辩论中他的表现都恰到好处并且体现出了公平公正，这让我感到惊讶同时也让我获益良多。他的态度完全不像一个强势的统治者或那片土地及其民众的父权支配者，他是一位公正且专注的男性。虽然这场会晤的不寻常之处及其关键性带来的压力加之语言的关系，让我有时会错过他的话，他却从头到尾都聆听了我的发言，整个交流环节也是如此，这得益于翻译的准确性，他以诚实且坚定的态度对他听到的内容表示赞同或反对。这种率直而明确的态度从一开始就让我感到十分惊喜。另一个惊喜是来自他者的认可，这无疑构成了某种公平感，必要的标准以及对客观性的顾及。他认同既存的他（她）者，他给予他（她）者存在的权利或机会。稍晚些时候我还注意到，他在倾听时能迅速地理解别人，他在回答问题时也展示出了相当的智识水平。

我欣赏这些品质并且试着践行它们。只有在礼尚往来的前提下，这些品质才能真正地落实为行动而且以它们应有的样子示人。那天晚上，圣多纳托的情况就是如此。我们之间产生了相互敬重之情，可能很少有人觉察到这一点，但是这种敬重是真实存在过且现在也一直存在着的。不过，我们也并未改变各自的立场，否则这次论辩就不会发生了。我们是两个个体：一个男人和一个女人，我们根据自己的身份、良知，我们所继承的文化遗产甚至各自的感性来发言。

这是十分罕见的，足以激起一定的波澜。

从另一个角度看，我认为这种结果（échéance）对我们双方来说都是前所未有的。我无法替他陈述这次会面在过去和现在取得的成果。他曾对我和其他人肯定过这次辩论的重要性。我在法国有时会从其他党派的日报上读到他在公共场合的发言。根据记者们对这些发言的总结，我对以下发言内容表示赞同：落实具体的民主实践，把城市的管理权交给男女市民，坚决惩处发生在司法盲区的袭击和暴力，保护自然，关注人的权利，尊重文化遗产尤其是女性主义文化遗产，与教会代表交流时毫不妥协，发言中体现的审慎态度等等。

当然，的确有某种现实将我们区分开来，至少从某个方面来说这是事实。他管理的是业已可能之事，我主张的则是尚不可能之事。根据媒体对我们在博洛尼亚市的会面的报道，他似乎曾指责我提出的要求不切实际。但实际上我是否有其他选择？我现在难道不是已处在一个毁灭我身份和意愿的视域中？更何况，我被赋予的东西本来就少之又少。从《窥镜》[1]出版以来，我就一直维护自己发声的权利——尤其是面向男、女大学生发声的权利。不过，我的这项权利以及进行研究的权利都经常被剥夺。我的确使众人聚集在一起，但是我所处的环境无法让这类会面的成果在现在和将来得以实现。我托付他人来发掘这些发言的意义，但它们并不总能被准确地理解，人们从中读取的信息似乎不太符合这些发言所表述的意向。

因此，我是为不可能之事奋斗的政治战士，但这并不意味着我是一名空想者。我所追求的，是尚不作为未来唯一的可能性而存在的远景。

伦佐·英贝尼可能在与我在圣多纳托进行辩论时已经感受到了这种不可能之事的必要性带来的紧迫感。当我得知他所实现的事情时，我认为他重新划定了可能与不可能之间的界限，尽管他是根据业已存在的框架来改变这些限制。但这难道不是我们现在拥有的唯

---

1 《窥镜：论他者女人》。

一的机会吗？他以他的方式在他所处的地方实现了一场和平的革命。基于我所知道的信息我丝毫不后悔曾经介入了他进入欧洲议会的那次选举，我一直等待他支持公民立法计划，该计划将在国家层面和国际层面让男性群体和女性群体的共处成为可能。

该事件[1]带来的丰硕成果让我能够写出与我有关且已为我感知的那部分内容。虽然它不总是按照想象中的形式具象化。我与一个拥有男性及女性成员的政治团体共事，这让我的追随者（?）愤慨。他[2]的党派正在经历变革。几个月以来，世界处于战争或者说深层次的动荡之中。

然而，我们的会面中存在一些构建未来的要素，尽管这样的未来通常不被看好。会面中的某些内容可以为超越存在过的马克思主义体制[3]做出决定性贡献。在女性和男性之间构建一种理性、一种礼性、一种文

1　指作者与意大利博洛尼亚市（Bologne）市长伦佐·英贝尼（Renzo Imbeni）于1989年5月30日在圣多纳托（San Donato）进行的那场辩论。——中译注

2　指伦佐·英贝尼。

3　指苏联。——中译注

化和一种爱的希望依然存在。即使我只得在远方通过写作阐明其中的某个构成部分，我仍然很想这样做。虽然我需要暂时陷入孤独，但我渴求从智识和情感方面实现上述规划。他（指伦佐·英贝尼）辗转于各个城市、会场，我则停留在原地，大部分时间都在乡间沉思。也许我需要这段隐居的时光才能想通，我需要回归至生命中、传统中最久远的时刻，以便于某日回归或者不回归人群。我爱自然，因此这样的退守于我而言并非一种负担。我所惊讶的是，我付出了如此多的感激以及认可，所得却甚少。这是否是思想者注定的命运？是女人的命运？是两性关系？是身处世界的不适感（mal-être）？我不知这种不适感到底始于何时，将会终于何时。无论如何，公正与和谐的缺失引发了冲突、迟滞以及无益的拖延。我生命的节奏让我并不总能承受如此多的犹疑、误解和延误。幸运的是，我依然在散步、冥想、沉思、写作。

由此，这本书的第一部分呈现了论辩的成果。这其中涵盖了女人（们）与男人（们）的会面[1]。这场会

1 此处的会面既指作者与伦佐·英贝尼的会面也指普遍意义上女性与男性的相会。——中译注

面的特色是它体现出性别差异的特质，保有这种特质是适当的，原因如下：我们需要法律以便在尊重彼此的原则下使性别差异具象化；我们必须承认他（她）者永远与自身相异；我们了解为了能够聆听而保持绝对沉默的重要性；我们寻找新的能够构建联盟而不将他人贬低为纯粹的物的话语形式；我们根据上述前景重新解读那些对我们的传统具有标志性意义的人物和事件；我们也许可以把一个性别对另一个性别的限制扭转为爱的可能和否定的创造。在本书的结尾，我们将勾勒建立新的两性联盟的必要性。

本书还将讨论他的[1]政治后辈们邀我论述的爱与幸福。这体现了一种对将来的许诺。

因此，本书导论部分的第一个版本是为 F.G.C.I.[2]的年轻女性和男性所写，他[3]在担任博洛尼亚市市长之前曾是他们的当选代表。F.G.C.I 的年轻人曾两次邀我与他们座谈。第一次是 1989 年 7 月在摩德纳

1 3　指伦佐·英贝尼。

2　F.G.C.I. 是意大利青年共产主义者联盟（Fédération des jeunes communistes italiens）的简称。

（Modène），时值他们的国家性节日。那次座谈的主题是“拥有生命和幸福的权利”。第二次则是同年9月在热那亚（Gênes），是国家性节日Unità庆祝活动的一部分。他们原本提议我以“一个男人、一个女人、爱”为题发言，我将之改为“我们之间的爱”，这样做的目的是为了强调两性之间或私人或公共的关系，而不仅仅止步于两性的叠加。另外，这样的修改也使得从单数向复数的过渡更加容易。

在这篇文章中我以马克思的著作为起点展开论述，批评其在性别差异的异化方面存在的理论及实践上的不足。以黑格尔和他构建的作为工作的爱为出发点，我重新分析了父权家庭文化中存在的对女性以及男性的剥削。我提议进行新的两性之间自然—文化两极的分配，构建一种不必然依赖家庭及其功用的两性联盟。新联盟将从我们生活中的私人领域扩展到更为结构化的国家或国际政治机构。有时，相较于两性间的主观吸引力，该联盟更有可能以公共的形式建立，因为客观性可以让（个体及群体意义上的）男性和女性之间产生认同和缔结约定。我与伦佐·英贝尼在博洛尼亚的辩论便是一例，这样的事例无疑是十分罕见的，但它真实发生过，因此，上述可能性是存在的，或许也是可以推广的。更何况这种交流模式在感性直接性和通向普遍性的过渡之间产生了区隔，这种区隔开辟了思考上述可能性的空间。

应 F.G.C.I. 的年轻女性和男性的要求，我开始着手进行本书的写作。从 1991 年 3 月初到 5 月末，我在巴黎哲学国际公学院[1]继续推进这项工作。在那里，来自法国和外国的大学生有同样的诉求。我本想通过一年的沉思用写作来打造这一新的工作领域。但某些人的坚持促使我从孤独中走出来，不过我也并没有放弃我的思想规划。因此，我继续以写作和口头交流的方式沉思性别差异性中的爱的含义。

我们对上述思想的第一次书面再现将比预想中更加易读和简短，这主要是为那些邀请我与之交流思想的年轻人考虑。

我有三个彼此关联的目的：继续推进理论和实践领域的工作，批判地阅读黑格尔的著作，忠于在圣多纳托[2]获得的经验。当然，这些目的出自同一个意愿，

1　该学院致力于为被主流排斥的学者提供言论空间，我于 1988—1989 学年在那里任教。

2　作者与伦佐・英贝尼进行辩论的城市。——中译注

但在近几个月，该意愿却经历了一场奇特的转化，或者说具象化、实在化。

长久以来，我经常反复阅读黑格尔的著作，1981年之后这成了我持续去做的一件事。我在那个夏天异常强烈地体验了否定（négatif），这种体验于我是十分艰难的，更何况对我而言，为了通向绝对精神的上升而使用这种操作在伦理上是不可能的。我从否定中体验到作为实践和效果的节制、克制、放弃以及某种个人感性的文化，但又没有真的回归到我或为我回归。至于绝对的自在或自为，我从中看到了过多的限制，以至于无法对此报以笃信和渴求。

因此在我看来对否定的修行似乎是必要的，但我并不把这当作一种可以把我引向更完善的精神性的意识操作，而是出于对他（她）者的考量和集体性常理。可以说，否定从我自身发掘出了遭遇与倾听的可能性空间。

如果绝对精神和西方传统中的唯一真神似乎都不是通往未来的路径，那么如何才能避免在这一过程中使否定成为磨难？此外还有自然界的资源，对感性的培育使其与自然资源能进行更微妙更令人满意的交流。像切尔诺贝利那样的事故带来的痛苦情绪以及更普遍意义上的人类对自然的技术性掠夺导致的痛苦情绪都是由此而来的。

但是自然界还不是人的世界。它比人的世界更宽广却也更狭小。圣多纳托的会面促使我发现“否定”可以作为接触另一性别的切入点，我还发现在那里“否定”在没有被消解的前提下转为幸福。黑格尔不曾认识到这种否定。黑格尔的否定依然是关于自然和人类的意识的主宰，在历史上该意识具有男性属性。而性别差异中的否定则是对自身性别局限的接受，也是对另一个性别不可消减性的承认。它虽然不可逾越但却让我们能够以非本能、非冲动性的积极方式触及他（她）者。

这种关于否定的概念设定为实现以下工作提供了依据，即两性或群体关系中女人（们）和男人（们）相互之间的承认和爱。它使得性别差异维度下的文化成为可能，而迄今为止这种文化都隐没在无礼性（civilité）亦无伦理的经验论之中。该经验论包括：神圣的戒律，婚姻法，与家庭世系权威的盛行相关的社会权力等级（这三者瓦解了性别差异化主体性的个体文化并且让个人屈从于强制性，这在缺乏性别文化时也许是必要的，但它们依然是被以相对专断的方式强加于人），尚待解读的历史决策，两性之间尊严和工作的不公正分配，关于自然和一般性实在的抽象的法律和文化机制中的身份丧失。

通过这种对否定的全新概念设定，我们也许可以开启人类未来以及历史中人类未来具象化的新时代。这样的人类发展的起点是真实存在的人，即女性群体和男性群体，我们不应再额外捏造什么，因为这种捏造可能会导致我们着意培育的事物发生异化和消亡。因此，无论在经济抑或文化层面，都应避免生产无用的奢侈事物。激增的财物和知识会使我们逐渐沉溺于物和次要实在，深陷其中的我们将无法从最令人异化的东西中分离出最有用的事物。

我们极有必要重新成为被孕育而不是被制造出的生物，这在道德上亦是至关重要的。如果我们还想生存下去并驾驭我们的造物，就亟需注意到上述这点。

马克思主义帝国的陨落[1]也促使我们这样做。诚然，那里的共产主义制度曾经犯下不少错误，但我们更应探问他们的方法错在何处而不是报复这种制度或得出人类历史周期率的结论。马克思主义体制[2]和民主

1 指苏联的解体。——中译注

2 指苏联的体制。——中译注

体制中尚未解决的不公与异化之处包括：给予物质财富以优先性，将暴力用作权力机构的武器，不够重视私法，特别是忽视女性和男性的性别差异化法律，而正是女性和男性构成了社会群体。

在这种情况下，我们与其倒退回宗教的——哪种宗教？——简易权威或是盲目臣服于金钱、资本以及具有竞争性的不负责任的生产力的统治，还不如通过建设一种人与人之间的，人的主、客观关系的真正的礼性（civilité），继续正义和文化的事业。

此外，我们也有必要为了构建我们的幸福而制定计划。

一些人坚信拥有财产将带来至福（félicité），另一些人则认为幸福处于俗世之外，现世的这片土地只不过是流放之所，这两种论调代表着两种不同的虚幻承诺。

幸福应当由我们在此时于我们生活的此地构筑。这种幸福含有（个体或集体意义上的）女、男之爱中肉体、感性和精神层面的内容，这种爱不会屈从于繁衍、财产的获得或积累、人或神的假定的权威。实现我们自身和我们之间的幸福是我们首要的文化义务。完成这项使命着实不易。它不停地被本质上无用的次要活动规避、取代。获得幸福意味着把人类的主观性从无知、压迫和文化缺失中解放出来，这三者倾轧着幸福得以存在的至关重要的维度，该维度就是性别差异。

由此，活生生的女性和男性的幸福化身为一种使命，而一视同仁则是对该使命的不忠。性别差异的维度敞开了性别结盟的大门，但一视同仁却抵消了否定的这一维度。它是某种哲学、宗教以及某个类别的马克思主义的化身，带有一部分虚无主义色彩，它沉重地压迫在我们的意识之上。对佛教和婆罗门教的某种西方式解读有在最后时刻为它提供支撑的风险。这些针对精神的抽象且忽视物质的观念只会让我们趋于灭亡。

然而我们之中依然还有活力充沛的男性和女性。充满活力的人之间的相会使一切重新成为可能，使实现人类历史中的至福成为可能。

在圣多纳托就有这样一群充满活力的人。我未能与他们中的每个人交谈，但我至少在他们之中识别出了一位这样的人。

他充满活力，他的活力照亮了周围人的面庞。是他将一座城市从污染中解救出来并使之成为宜居之地，在那里空气和风是流动的，人们重又能够互相聆听和交谈。他勇敢、坚韧，既尊重自然也尊重他人。他在守护优良传统硕果的同时勇于创新。他进取而不负累，懂得分享而不耽于自满。他谨慎而大胆。他只给出自己能实现的承诺。他值得信赖。他能在坚定立场的前提下包容他人。

我是否被某种激情或展望蒙蔽了双眼？对此我的回答是肯定的，感染我的是回荡在城市广场、饭店或建筑物的关于他的颂扬之声。他的公民们无意识地赞颂他，他们展现出的愉悦在其他很多城市都是看不到的。某些欠缺悟性或因受过伤害而有所顾虑、不敢倾心的人以为只有口腹的享受才能给博洛尼亚市民们带来幸福。我却认为给他们带来幸福的还有一颗专注而泰然地关怀着他们的心灵。

不过像我这样透露过多是否会逼他不再发声？言辞带来的荣光是否让崇尚谦逊的人陷入停滞？其实，我也是通过观察他的言行以及他传递的信息来对他进行公正的评价。

人们难道不应该感谢他们赞美的对象吗？因为失去赞美的能力是否意味着失去生气？并因此失去生命。

希望没有人会因这份独一无二的认可而感到不快。那次的经历在当时——或许现在也是？——对我来说是必要的，它让我感知到了性别差异中否定的实质。不过此时此刻，这样的行为不会伤害到任何人，因为这次独特的经历促使我比以往任何时候都更尊重每一个人，无论其性别。

引言：我们之间的爱情

马克思把人对人进行剥削的源头界定为男人对女人的剥削，他断言，人类最初的剥削就是从男、女分工开始的。他为何没有致力于消解这种剥削？他感知到了恶的根源但是并没有将其作为恶的根源来对待。这又是为何？我们在黑格尔的文章中，特别是在他关于爱情的章节中可以找到一部分答案，黑格尔是西方哲学家中唯一一位在讨论爱情时将之视作工作的哲学家。

所以对于女性哲学家而言，探讨爱情是合情合理的研究方法。马克思主义的理论和实践至今尚未触及这一主题，上述方法对于思考和践行该主题来说是必要的，我们不再能满足于马克思主义的理论和实践引发的经济和文化领域的片面的变革。关于这一点我想举出三个示例或征候：被当作自然资源的地球的命运，女性解放带来的问题，以及显性文化（culture manifeste）在世界范围遭受的危机，尤其是1968年[1]

1　此处意指1968年法国爆发的由大学生主导的“红五月”运动。——中译注以来在此地和其他地区重复出现的大学生反抗运动。此外，在我们这些国家和地区，大学生、性别差异女性主义者的抗争和生态环保运动是在同一个文化革命的熔炉中兴起或重新焕发生机的。这些运动的核心议题一直存续到今天，但是那些无视其目的的掌权者，或者不理解这些抗争所具有的深度和彻底性的男、女活跃分子却经常压制这些议题。在人类文化这样的已经被明确界定的领域我们的确不可能只改变某个事项，需要做出改变的是人类文化本身。人们需要知道的是，我们现在对人类身份的解读无论从理论上还是实践上来看都是错误的。

对女性和男性之间关系的分析能够帮助我们改变这种现状。我们如果不提出那些应当深究的问题，就会纠结或反复纠结于望不到尽头的次要伦理工作，黑格尔称这类工作是在处理那些玷污我们文化的谬误[1]。这种谬误与两性之间伦理关系的缺失相关。伦理工作是无限多的，其数量的增长与我们文明的复杂程度成正比，它们无法让我们完成本应实现的使命：消除两性之间现存的剥削以便让人类历史得以继续发展。

1　参见《精神现象学》第六章。

因此，我将从黑格尔的理论出发来解释这种剥削的动机并提出解决方案。

从黑格尔的作品可以看出，他在生命中的若干阶段，都在思考两性之间的爱情问题。黑格尔如何定义男人与女人之间的爱？他将之定义为我们现今最经常看到的模样，不过他的定义与父权制一神教给出的定义相同，也与显然处于另一个极端的关于性的理论（例如弗洛伊德的理论）相同。他把男女之爱定义为存在于父权制文化内部的事物，但是他也没能解决他自己注意到的这种男女之爱中精神和伦理的缺失。他还根据自己的方法界定了男女之爱。这意味着，黑格尔通过处于对立状态的夫妻来解决被其称作家庭中的自然直接性（immédiateté naturelle）的问题。因此，他必须用对立性而非差异性来定义男人和女人。这不正是人们在大多数情况下对男、女两性的解读吗？

因此，根据黑格尔的说法，男人和女人在爱情的工作中处于对立状态。他将之置于家庭内部并对其进行分析，家庭由（对立的）夫妇构成。在不涉及家庭的问题上，黑格尔很少给每个性别都赋予一种身份，尤其是法律意义上的身份，尽管他断言，人的身份附属于民法对性别身份的承认。因此在他看来，性别差异化法律只存在于家庭之中。对公民来说则不存在带有性别差异的身份。

现在的情况依然如此。今天，我们依然没有专属于女性或男性的公民法律[1]。对女性来说尤为如此，相对于女性来说，现存的法律对男性更为适用，几世纪以来，男性都是公民性的模版，成年女性公民过分寄希望于无法满足其需要的法律上的平等，并以此来定义自身。严格来说，我们现在还没有一部让男性和女性都成为人类意义上的个人的公民法。他们是有性别差异的人，但仍处于自然直接性之中。而且，这意味着现在还不存在关于真正存在的人的法律，因为世界上只存在女人和男人而没有中性个体。以抽象的公民为对象的法律或多或少都模仿或衍生自宗教中的——尤其是父权宗教中的——义务或权利。在这些领域取得突破的难度也源于此。我们依然缺少一部关于真正存在的人的民法，而首先需要考虑的就是女人和男人。这样的法律的缺失使得我们人类的性关系沦落到野蛮的地步，其野蛮程度有时更甚于动物世界中的性关系。

1　存在于某些地方的对女性流产的许可并不构成实际上的公民法律。那只是处于初始阶段的法律草案。

那么在黑格尔看来，应当如何安排家庭中女性和男性的关系呢[1]？在家庭中女人是妻子和母亲。但是对她来说这项职能对应的是抽象的义务。因此，她无法成为一个具体的、特殊性不被简化的女人，无法成为一个特殊性同样不被简化的具体的男人的妻子，她更无法成为一个或几个具体的孩子的母亲，她不能作为这样的女人存在。她与男人之间仅存在自然直接性的联系，这种特殊性只能从男人的视角被施予她。对她来说，妻子和母亲这些职能代表着普遍性的使命，她只有通过放弃自身特殊的欲望才能完成这项使命。

因此黑格尔写道，来自女性一方的爱情是不可能的，因为爱是普遍性的工作，如此一来女人应当爱的是男人和孩子而不是某个具体的男人或孩子。她应当爱的是男性主导的人类普遍意义上的男人和孩子。她应当无意识地模仿男性，鄙视她所属的性别以及她与无限的关系，把男人和孩子作为可以实现人类无限的人来爱。换句话说，女性之爱被定义为家庭义务和公民义务。她无权爱具体的人也无权爱她自己。所以她

1　主要参见《法哲学原理》《精神哲学》以及《自然法》。

不能够去爱，而只能屈从于爱和繁殖。为了这项使命她理应被牺牲，理应牺牲自己，作为现实中存在的具体的女人的她消逝在使命之中。同时消失的还有作为欲望的她，留下的只有抽象层面的欲望，即成为妻子和母亲的欲望。她自身被消解在与家庭相关的功能中，这是她的公民使命。对于男人来说则正好相反，女人的爱意味着公民性在家庭独特性中的停歇。他可以把某个具体的女人作为特殊的本性来爱，条件是这个女人一直与特殊性相关联，而他则可以在依然忠于他与普遍性的关系的同时更换不同的女人。

由此，在女人一方，普遍性被消减为一项实践工作，它被囊括在男人划定的普遍性领域之中。女人不仅被剥夺了与爱的特殊性的关系，还被剥夺了她自身通向普遍性的可能。对于女人来说爱情对应着一种义务而非权利，爱情确定了她在人类中的作用，她作为服务男人的人而存在。

而男人则投身于爱的独特性，这对他来说是一种朝向自然直接性的退归（régression）。他在其家庭中形成的对女人的爱其实补充修整了他的公民使命。作为公民，他被设定为应当放弃性别差异方面的独特性，如此他才能为了群体完成普遍性使命。以这种所谓的普遍性的名义，他在城邦[1]中有了代表整个人类群体的权利和义务。

因此对于男人来说，爱情是自然直接性中被容许的衰减。相对于他在其他地方担负的普遍性工作，爱情是一种退归，而他的妻子或者其他女人则有义务向他提供这种退归。不过她也应当送交回男人，让他去履行自己的使命，让他远离她，她应当不断地孕育出作为普遍精神主导者的男性。这种对陷入独特性的男人的救赎主要体现在以下几方面：首先，男人在被救赎之后重新担负起公民的工作；出生的孩子剥夺了男人将享受据为己有的权利；最后，获取的财产理应按照平等的原则归属男女两性，财产代表着男人和女人在家庭中结合的**自为**。本质上，夫妻爱情的根本目的是获取家庭资本。由此，相对于其他场所，家庭对于所有权的构建发挥着核心作用。

女人明显被要求在爱情中放弃自身，伴随这种放弃的是作为公民的男性的身份丧失。女人被迫屈从于形式、规范和男性欲望这三者的丧失，人们在界定男性欲望时针对的也许是乱伦，也许是男性独特性中不

1 书中有时用城邦（cité）指代国家。——中译注

可被占有的她者，即母亲，但却并没将之按照男性欲望来定义，除非我们认同这种欲望只希求通向死亡的奴役。

几个世纪以来，婚姻在西方实际上是一个将女人与普遍义务绑定的制度，其作用是促成群体中男性精神的生成，它同时也是一个将男人与朝向自然性的退归绑定，以便保证其为城邦服务的制度。既然不存在具有性别差异的两种法人，那么也就不存在真正的婚姻。夫妻两人都服从城邦、宗教和财产获取。而且，两性在夫妻中的缺席迫使其他局限的介入，这些局限依附于男人规定的否定的工作，这些条件是：死亡是感性欲望汇集之所，公民在真实或象征意义上被消解于群体之中，人们屈从于动产或不动产。

家庭和城邦担负着不同的使命，只有剥夺了女人在爱情中与个别的关系，剥夺了女人在其与普遍性的关系中的必要的特殊性，这种分工才能维系下去。对于两性中的任何一方来说，家——夫妻或家庭——都应该是特殊性和普遍性的场所，（男性或女性）公民的生活也应如此。这意味着对于两性来说，应从夫妻、家庭、城邦的内部生发的不只是自然身份，还有文化身份。对于男女两性来说，如果他们不具有充分满足其自然身份的文化身份，那么自然和普遍性就是分裂的，正如地与天无限远离对方那样，两性不再能结合。这种地与天的使命的划分，即下界的痛苦和劳役和上界的奖赏与至福的划分，发端于我们文化中那个为神话所描述的时代，它被嵌入了哲学和神学，哲学和神学也被区分开来，而大部分远东地区的传统则不是这样。

这种理解世界的方式其实与其他文化全然不同。在其他文化中，身体被当作身体加以精神化，大地也是如此，上天是我们此时此地的精神化程度的显现。我想到的是某些我知之甚少的瑜伽文化，在这些文化中身体被作为身体加以培育时，人们不只侧重运动—肌肉面向以及竞争性—攻击性面向，我们则过分倒向这一层面，这样做无法带来任何益处。而在其他文化中，身体被培育得更具精神性和肉欲性，两者合二为一。人们践行一整套饮食和姿态的原理，关注呼吸中气息的，把白天与夜晚、季节与年度的节奏作为肉体、世界和人类历史的历法来遵守，学会如何正确、惬意、专注地体会感觉，这些都逐渐使身体得到训练，使其重生，使其在每一天的每一刻都焕发内生性的、肉体及精神层面的新生。身体不再是简单的父母诞育的身体，它还是我们给予自己的身体。同样，永生也不再局限在超脱现世的领域，永生的条件不再由异于我的他人决定。每个尊重生命以及生命的精神化的人（男人或女人）都可以获得永生。如果此处还可以使用普遍性一词的话，那么它在这里的意义在于生命的绽放而不是黑格尔期望的对死亡的服从。所以，在针对专注力的感性教育中我们可以找到：被汇总的多样性，能够治愈因由独特性而陷入的分散状态的良药，对抗因渴望所有被感知、被遇见、被产出事物而产生的分心的方法。因此，绝对不能放弃感性或者为了普遍性牺牲感性，感性应当被培育，继而成为精神力量的源泉。如此，佛对花朵的观看不是漫不经心或掠夺性的，也不是思辨性在肉体中的衰减，这种观看属于物质和精神的凝视，它为思想提供了一种已然升华了的能量。

这种凝视还是关于愉悦的教育，愉悦产生的前提是尊重那个不属于我的事物。的确，佛凝视花朵但没有去采摘它。他看着他（她）者但没有将其连根拔起。尤其值得注意的是，他所观看的并不是随意什么东西：他看的是一朵花，花也许为我们提供了从形式到物质的一致性的最好的沉思对象。

佛对花朵的观看可以作为我们的范例。花朵也是范例。在我们之间，我们可以互相教育，成为既能凝思观看又具有与我们的基质相洽的美的人，实现我们身体形式的精神和肉体层面的充分发展。这位伟大的东方贤者沉思的主题既是自然的又是精神的，作为该主题的延续，我认为大部分时候花朵带有令人愉悦的香气。花朵随风而动，绝不僵化。它自身也处于演变中：它生长，开花，又重新生长。那些我最欣赏的花向着朝阳绽放，在夜晚合上花瓣。每个季节都有应季的花朵。那些最具生命力的花，最不依靠人类培育的花，在凋零时犹存其根；它们不停地游走于其形式的显现和隐于大地的潜能之间。它们在恶劣的天气，在冬季都能幸存下来。也许它们正是我们最好的精神典范。

我们当然是精神性的存在，我们被这样教导。但是精神不就是让物质在其（单一或多种的）自身形式中得到充分发展的手段吗？如果精神让身体屈从于不适合身体的抽象模板，这样的精神就已经死了。它就只是存在于彼世的虚幻的绽出（extase）。某些人掌控了生命的资本化，特别是通过男性文化进行的以活生生的人为对象的资本化，然后要求大多数人做出这种牺牲。男性文化通过将死亡描绘为自身的唯一前景来压迫女性。

因此，主奴辩证法被施加在两性身上，它迫使女人诞育生命，以便让她屈从于与死亡相关的普遍性的苛求。它还迫使女人照管她的孩子们以便让孩子们服从其独特性的抽象的公民条件，将他们与其独一无二的因由女人的世系和历史意义上的受孕、出生而具有的身份分割开来；青少年或成年人自那时起就被置于为了城邦在现实中死去或为了文化在精神上死去的阴影之下。

这种爱情与女人独特的欲望相悖，如此一来，女人自身也成了这种爱情中的模糊性的棋子。她被教导去爱，她作为女人的女儿出生，因此她熟知主体间性的维度，女人有牺牲主体间性爱情的义务，或者说她要担负起给予享受、生育和照管的抽象工作。她从她被期待担负的身份中，只能看到自身的牺牲。男人还能转向其他女人，转向其他的独特性，他可以去工作以便为家庭和群体积累财产，他可以回归他公民的身份，女人就只能随时准备承担交配、产痛和照管子女、丈夫的义务，除此之外别无他路可走。母女之爱会提醒女儿、提醒女人女性所具有的特殊性，在此意义上母亲和女儿之间的爱甚至是被禁止的，因为她必须放弃这种独特性，去接受不属于她的文化所强加给她的抽象义务。这样一来，对于女儿来说，母亲就代表了这种抽象功用，反之亦然。她们两人都为普遍性工作，这种普遍性与其特殊本质不符，因此母女之间形同陌路。女儿是母亲身上普遍性的产物。

经由这种存在于普遍性中的对母女关系的抹杀或精神层面的屠杀，人们完成了对人类独特性的最彻底的哀悼。因为她们是女性就将其中一人从另一人身边剥夺的行为是一种犯罪，人类无意识地持续犯下这种罪行，却从不为此感到哀伤。神话告诉我们这有可能会导致土地的贫瘠[1]。通过解码我们的衰败之谜，我们获知这会导致人类种族的终结，人类被献祭给了抽象的普遍性，即绝对精神。

男性定义了普遍性，死亡是其主宰，带有性别差异身份被献祭给了普遍性，那么，在不知如何能让生命作为普遍性充分发展的情况下，怎样从这种献祭中，从抽象义务中脱身？如何为了我们自己在我们之中发现爱情的特殊性和普遍性并以此作为人类身份在自然和精神层面的完满？这需要通过演进，通过男女间关

1　此处指的可能是种子女神珀耳塞福涅被哈迪斯从其母德墨忒尔身边掠走的故事。——中译注

系的革命来实现，而演进和革命首先要发生在夫妻之间，特别是在每个家庭之中。母亲和女儿关系发生的变化与人类两性之间关系的转变相关，该转变需要向另一种不被消减为单一性别的文化的过渡，同时这种文化也不能被消减为仅体现在世系上的性别差异维度，即不能沦为父权制或母权制。

具体来说这意味着每个女人都不再把她的恋人作为（普遍意义上的）男人来爱，每个男人都不再把他的恋人作为（可被替代的）某个特殊的女人来爱。因此，从特殊性向普遍性过渡的任务需要由每个人根据其独一无二的独特性来承担，男女两性尤其如此，他们需要根据他们与自身以及另一性别维系的既特殊又普遍的关系来承担这项任务。这样一来，每个女人对其自身来说都将是生成中的女人，是女人自身的典范，男人也是如此；为了保证从自然向文化的过渡，女人需要男人正如男人需要女人。换句话说，既然女人生而为女人，她就需要一种属于这种生理性别和社会性别的特殊的文化，重要的是女人要在不放弃其自然身份的前提下成就这一文化。她不应当屈从于任何一方强加给她的身份模式，无论强加者是她的父母、恋人、孩子抑或城邦、宗教、一般性文化。这并不是说她可以耽于任性、多重欲望或身份的丧失。恰恰相反，她应当在自身之中完成统合以便实现其性别的完满，这样做既是为了她自己，也是为了她所爱的男人、她的孩子，更是为了公民社会，为了拥有这种文化的世界，以及一种符合现实的普遍性的定义。如果依据这项任务而表现出和男人等同的样子则是犯下了严重的伦理错误，因为女人也有参与抹杀自然和精神的实在，这种抹杀背后的抽象普遍性只服务其唯一的主人，那就是死亡。女人除了杀死自身还剥夺了男人自我定义为男人的可能性，即成为在自然和精神层面都体现出性别差异的人的可能性。的确，每个男人都应当始终是生成中的男人。他理应自己担负起成为这样的男人的使命，他一出生就带有这样的使命，即在身体和精神方面成为人类的典范。他把在他看来是文化上充满母性的照管工作留给女人，这样做是不适当的，更何况她并不是他，她无法担负起照管他的责任。他应靠自己成长为男人，在成长过程中既不依靠她也不站在她的对立面。他应该有能力依靠自身使他的本能和冲动得到升华，此处的冲动不只包括局部冲动（pulsions partielles），还涉及生殖冲动。把拥有前恋母情结理解为人针对生殖性规范的解脱并为之辩护，会导致严重的任性或是欲望方面的不成熟，而这又会妨害人作为有性别的人的成长以及两性的成长。而针对那些主张前恋母情结而反对弗洛伊德的男人或女人，我们只需如此回应，弗洛伊德著作中谈到的正是前生殖的升华而非沦为繁殖的生殖属性的升华。

不过，（在黑格尔的理论中）两性间的性冲动并不都作用于繁殖。因此与性吸引力相关的冲动被遏制并转移到为家庭、群体和城邦提供的服务上，而不是被升华为主体间性的欲望。换句话说，拥有欲望的男性应当作为男人使其成为**自为的**欲望，还应当使其成为**为了她者**（即女人）的欲望。带有性别差异的欲望和性欲不应在这样的家庭中有自己的目的和有效性，在城邦和宗教中也是如此，因为它会败坏真理和群体精神。性欲的实现需要适合它的质料，适合它本质的方式。实现性欲的场所是人自己的身体，是男人与另一性别即女人组合而成的家庭。夫妻构成了最基本的社会群体。正是在夫妻之间，欲望才有成为普遍文化的潜在可能性。正是在夫妻之间，男人和女人的性别才能够成为人类男性或女性性别的典范，同时，性别依然与成为具体的男人或女人的特殊性任务关联。男人和女人形成的夫妻通过实现这种从自然向文化的过渡和从性吸引力向性别有效性的过渡而担负起群体和自然的共同的救赎。此处关涉的不仅是夫妻的愉悦，还有整个群体精神成长的秩序，以及其他生物和人类共同拥有的宏观和微观意义上的对自然的守护。因此，两性之间的性吸引力并没有被弃置于无**自为**的境地，它变为了子女、家庭财产或是向由死亡支配的男性主导的群体和文化提供的服务，对于这样的群体和文化来说，死亡是普遍性的保证。性愉悦不会无缘无故地或专横地成为像统摄家庭或城邦的父权或者母权那样的社会权力。如果欲望停留在文化缺失和冲动性的层次，就会让夫妻关系沦为荒淫之所，即黑格尔所说的自然之所，它有可能替换公民性秩序。每个性别都培育着欲望和愉悦，欲望和愉悦也为每个性别而生，如此，两性就可以实现性别的完满。男人培育其本能和冲动以便成为完整的男人，女人也为了实现其性别的完满而这样做。所以，男人和女人能够组成夫妻。在夫妻身上，性欲获得了有效性、完善性、**自在**与**自为**，这种**自在**与**自为**对应着每个男人、女人人性完满具象化的必要极点。两性各自、共同完成这项使命。

黑格尔把这称为爱情的工作，我们对其一无所知或失去了对其的认知。文化秩序禁止我们认识它。我们应当解读并超越这种秩序，因为它对于两性，对于整个人类来说都代表着人的异化，这种异化会把人类引向消亡。依据这种秩序，爱情应该一直是一种自然的不幸，唯有代表父权制的父亲所支配的群体的专制教权才能对其施以救赎。我们从爱情中只认识到丧失**自为**的感性欲望的特殊性，朝向他人的性吸引力的折磨，罪恶的严重性以及为获救赎付出的代价。我们体验到的是欲望的孤独感，拒绝和绝境带来的无望，冲动导致的病态失常和分离造成的精神上的离弃。我们还体会到因某个男人或女人而澎湃重生的欲望，这种特殊的欲望可感知但无法言说，其目的是非理性的，没有语言的激发也就不可能有相互的憧憬，只剩下盲目而无效的精神在那里劳作。我们还懂得了欲望的羞耻，失去身份后的湮没，欲望的混乱无序以及它的迷醉带来的幻灭的未来。我们尚未认识到爱情带来的个人或集体层面的救赎。

几世纪以来在我们的文化中，至福充其量是以世系的面目被呈现于我们面前。幸福理所当然地与家庭密切相关，此处的家庭指父系家庭，狭义或普遍意义上的家庭，在这样的家庭中女人受到自然的奴役，她的任务是以放弃自身欲望和女性身份的方式使自然性转向普遍性。这种至福也许在人类历史的一段时期有一定的意义。但相较于文化的其他阶段，这种意义难道不已代表着某种倒退？无论如何，如果人类历史的完满意味着由女人和男人构成的人性的救赎，那么人类历史尚待我们去完成，或至少需要我们去延续。这是我们的使命。当我们这样做时，我们通过为世界带来更多的公义、真理和人性而为人类历史的未来而努力。这是这个时代属于我们的使命（除非它意味着与那些被压制、遗忘和掩盖的传统重新建立联系）。这项使命属于每个男人和女人。没有人能置身事外，无论贫穷还是富有，没有人具有主人或奴隶的内在本质。无论男女，我们所有人都是有性别差异的。我们的首要使命是作为女人或男人实现从自然向文化的超越，成为忠实于自身性别的女人和男人。这项男女共有的使命不应混同于繁衍的使命。那是另外的使命。只有在遵守第一个使命的前提下人们才能正确地履行它。那些有志于在肉体和精神层面将其性别发扬光大的女人和男人构成夫妻、构成社会，只有他们才能有尊严地繁育后代。繁衍不应沦为一位缺席的主人以及其无处不在的话事人构建的秩序。它应当是女人和男人之间孕育的爱情所结出的果实。否则，它将是人性精神使命的终结，尤其值得注意的是，对女人的奴役使女人服从其自然命运，一种偏颇、不公正、抽象的人类文化由此得以延续，统摄这种男性文化的，是没有意识到自己只是隶属于某个个别而非普遍性别的男性。

子女的生育应当与社会、人类历史和宇宙的生成相配适。孩子应当是每对夫妻进行的爱的工作在人类世界历史的某一刻结出的自然、精神意义上的果实。不能把生育子女与迎接子女的自然、精神之所的生成割裂开来。如果不把这一点纳入考量，那么生育就会再次沦为未开化的本能。该行为如果发生谬误将腐化整个人类。

黑格尔所说的神圣化的欲望[1]不包括孩子的生育，因为孩子代表着父母欲望**自在**的**自为**，因此它是一种对死亡的欲望，其自然实质是非神圣化的。像黑格尔（以及很多其他思想家！）设计的那样，神圣化的欲望对应的也不是两性对家庭财产的共同占有，但它可以作为每个性别从自然性走向精神性，从自然走向文化的过渡。这正是夫妻最神圣的工作：通过人类具有性别差异的两类成员，即男人和女人，实现人类的

1　黑格尔：《精神哲学》，法国大学出版社 1982 年版，第 39 页。

精神化。的确，性欲不是靠一般的工作满足的，它本身就是一项需要完成的工作。人们理应为了它本身的生成而培育它。它有属于自己的目的。人们不应为了群体的工作而牺牲性欲。况且，性欲也不是由群体工作实现的。两性都把它当作个人财产而挥霍。有人认为相对于欲望的消耗，家庭以货币、动产或不动产的形式从中取得的收益能够形成充足的回报，上述断言是不正确的。因为所谓的共同财产经常由男人获得，根据男性世界的经济法则，这种财产不符合黑格尔笔下的即刻的精神性占有，原因是财产是无生命的物体，我们和它属性不同。客体有可能充当中介，但是这种中介更适用于男人之间的交换，女人则更倾向于主体间的关系。更何况，作为中介的金钱代表着自然性的抽象世界中的独特性的丧失或异化，在这个世界中不存在自然性的精神升华，也没有回归自我的可能。

以下做法有可能在两性之间充当中介：一个性别去感受另一个性别的已然属于精神层面但一直保持感性的实质。西方人不再从身体和精神层面来认识爱情，因此对于他们来说上述做法似乎是不可能的。不过，我们通过阅读某些关于瑜伽的文本能够获知，精神实质是存在的，感受精神实质的方式与感受外在于自身的财产的方式是不同的。也就是说，身体的内在或内向性是可以被培育的，它不应被简化为自然的晦暗不明。作为客观性的爱情能够作为有性别差异的爱情为人习得，恋人们可以作为爱情的主体和客体互相凝视。一些印度的传统依然十分接近于这种爱情客观性的凝视，人们经过严格的肢体和精神训练才能习得它。例如在瑜伽传统中，做爱并不意味着返回无压力的状态，而是让能量在最低处和最高处的**脉轮**（chakras，指身体和精神层面的神经中枢）之间流转。也就是说，肉体之爱意味着培育人的本能，人们通过使用气息作为中介，让它们从腹部**脉轮**移动到心脏**脉轮**，咽喉**脉轮**，头部**脉轮**。

由此，关于爱情的冥想不再落到如下定义的子女身上：子女是通过性行为产生的他人，子女代表着恋人们为了世系做出的牺牲。冥想爱情的是以相对完满的姿态相爱的恋人们。

我们的文化似乎总是有让我们重新陷入最下层的爱情的趋势，它通过伦理，通过把爱情的目的简化为繁衍来实现这一点。一场交配就足以生出孩子。而爱情能量的升华则是一项更加微妙和崇高的使命。恋人们用升华后的爱情能量自由孕育的孩子是非常幸福的。肉体得到精神化的恋人们所生下的孩子是非常幸福的。这些孩子自出生起就已经具有精神性本质，因为他们不是在爱情的衰败中孕育的，衰败的爱情只是勉强成功了的交配导致的精子和卵子混合。而他们则是具有相当的精神性的夫妻为了与人分享各自的主、客观的，自然和文化的珍藏而生下的孩子。他们是在爱情中被昭示、被期待的孩子。孕育这些男孩或女孩的身体是精神性的，同时也是活生生的肉体性的，这样的身体会为迎接、摇动、安慰、喂养、爱这些孩子以及与孩子们对话而感到幸福。这些孩子既诞生自父母的肉体也诞生自其言语。因为虽然恋人们的性文化有时体现为无声的行为，但这种文化是以言语为途径的。对于这样的孩子来说，身体、家、城邦都是可居住之所。他们从其中一处移到另一处不是被强制的。身体、家和城邦是男人和女人在尊重先辈的前提下为了现在和将来共同劳作而建立起来的。爱情的客观性不再只意味着孩子或家庭的、集体的财产，而是女人和男人在人类历史的某一刻生成的自然和文化的世界。

这就是我向我们，向每个女人和男人提出的使命，也是我祝愿大家能拥有的幸福。这是为了现在和将来，为了我们的爱，为了我们所属的政治秩序，为了自然和整个世界。我们之间的，这个世界上女人和男人之间的爱，依旧并且永远是我们的救赎。

我们用伴侣（compagnes）或同伴（compagnons）这样的词汇指代那些能够与之分享痛苦还有爱情的女人和男人们。有时，这个词被用于指称《雅歌》中的恋人们，《雅歌》是《圣经》中唯一涉及情欲之爱的歌。但是《雅歌》中的恋人们依然按照世系和文化被分为两个类型：属于母性世系和文化的女性恋人和属于国王世系和文化的男性恋人。我们需要成为的，是相互结伴、联合的伴侣和同伴，而不是渐行渐远，被世系、文化和性别所割裂的陌路人。我们需要实现的，是让这个词语指代一种爱情关系，这种关系从我们生活中最私人的部分转变为拒绝为了死亡、权力、金钱而牺牲欲望的政治伦理。

人类的本质是二重的

自然性至少关涉两者：阳性和阴性。世界上所有关于超越自然性的思辨都忘记了一点：自然不是**单一的**（**une**）。为了超越这一点——如果有必要的话——我们需从现实出发：现实是**二重性的**（**deux**）（这种二**重性**之中还包括一些次级差异，例如更小或更大，更年轻或更年老）。有人把世界设想为**单一的**，并且从**单一性**出发思考世界。但是这样的**单一性**是不存在的。

如果这样的**单一性**不存在，那么界线就被印刻于自然本身。在构建任何一种超越自然的必要性之前，人们都需要认识到自然是二重性的。这种二重性将有限性置于自然性本身。没有任何一种自然能声称它符合自然性的全部。没有**独一无二的**自然。在此意义上，自然性中存在否定的形式。否定不是唯有男人才有可能胜任的意识运作。更进一步说，如果男人不能意识到自然中的有限性，那么他与自然性的对立就无法完成否定的工作。这种对立把自然性据为己有，并且声称在其天然的幼稚所支配的意识中超越了自然性，这种幼稚让他断言：我即整体。

然而，没有任何一个人——无论是男人还是女人——能够凭自身成为自然或意识上的整体。对部分和整体的混淆相当于用假想的肯定性（positivité）损害否定。

由此，人为仿造的双重整体性被限定在虚假的绝对之间，即自然和精神之间，限制活动（jeux de limitations）在施加限定的同时也与人为仿造的双重整体性一起被限定着。

这样一来，现实不复存在，存在的只是**某种**基于视角的建构。自然和精神的内容是那些自以为绝对的，从一开始就接受了自然和精神局限的特殊。

因此，依据他们的（一种或多种）特殊性来质疑他们的（一种或多种）普遍性和（一种或多种）**单一性**地位是合理的。

据此，将男、女所代表的构成人类的两个部分导向单一是一种滥用。在这种消减中，理性显示出它的无力或不成熟：女人被认为是躯体，而男人被认为是这具躯体的头部。所以人类可能尚未抵达其理性时期。人类可能依然摇摆于神性和动物性之间。男人被当作统治雌性动物界的神祇。

不过，除非把繁殖作为隶属于动物界的指征，在这种情况下作为神祇的男性只具有造物者属性，也就是说非人类的属性，否则一些现象学推论依然能向我们显示，男人比女人更接近动物性；男人其实是被生育出的，而不是被创造的。但是，希望自身成为上帝（Dieu）的男人，有可能却因此失去了自己的身体文化。如此，他可能无法归入人类。我们有可能是寻找自己作为男人和女人的身份的生物种群。

所以我们需要把既存的自然和普遍性作为一种、作为几种特殊性来考察。

还有一点同样重要，我们要询问自己是否已开始（真正的）思考，是否在与精神相关的事上只知道知性的运作。换言之：我们在某个领域进行论述和辩论，我们使用被定义好的逻辑和语法工具，这使我们无法真正地思考。我们拥有的知性视域将我们隔离在思想视域之外。我们在探讨，在推理，但我们不是在思考。最终，我们又回到最初的起点，而在此过程中我们产出的是自然和精神层面的熵。

举例来说，在与自然直接性相关的否定性运作方面，我们需要重新思考辩证法的路径，这种思考涉及否定性运作对**自在**和**自为**的构想和对感性维度的界定。

基于同样的动机，我们要重新研读和书写一切关于激情或理性的论述。事实上，感性并不像人们以为的那样单薄和一元。传统一般只将其限于单一的主体。传统很少探问以下事实：感性经常被分享，特别是在两个主体之间被分享。即使有上述维度的介入，它还是被按照被动—主动模式和行动者—客体模式处理，这种模式还没有涉及两个自由主体之间的互动。由此我们的思想产生了矛盾：思想中的激情依然是孤立的。既然我们的理性只受限于单一主体，上述这种情况又有什么令人惊讶的呢？该主体在自我怜悯中原地打转，其他一切都与之相关，与之相似。只有某位上帝才能保证这种自主性，这种对特殊性和绝对的混淆。但是这位上帝也迫使人无限远离感性或者用一种从那时起就与知性过度关联的理性将其颠覆。感性思考的缺席不断使理性沾染上教条主义和疯癫，阻止理性作为精神的尺度完满自身。

所以，我们有必要重新从自然性开始构建理性。自然性既不是单一的也不是普遍的，其中某些要素可能是例外，比如空气。但空气自身也随着密度、热度等而变化，所以即使没有空气就不存在普遍性，它也不被作为普遍性的质料。

即使不论自然性的不同类型的化身或显现模式，自然性也至少是**二重性**的：阳性和阴性。这种划分既非次要也非人类独有。它也见于生物界，没有这种划分任何生物界都无法存在。如果没有性别差异，地球上就不会有生命。性别差异是生命的体现，是生命产生和繁衍的条件。空气和性别差异也许是生命必需的、不可或缺的两个维度。不珍视这两者的生物可能会面临死亡。

让我们回到与自然相关的问题。在人类范围之内，我们可以说无论男人还是女人都无法体现抑或体验人类的整体性。每个性别都掌握或者代表着整体性的一部分。我们的思考方式却与如此易懂的现实相差甚远。

女性和男性的肢体形态显然不同，按逻辑可以推断，他们体验感性和构建精神性的方式也不相同。此外，女人和男人针对世系的立场也不同。只有经由人为干预他们的立场才会统一。他们都服从被确立为权威的法则，只有这样两者才是相等的。然而如果是这样的话，他们的境况就不再符合现实。强加给他们的人的模型让男人和女人都远离自身。他们不再作为男人或女人实现自我而是要让自己符合一种定义人类本质的观念。

出于各种缘由，我们的时代重又面对这个问题，而且我们不能再满足于曾经给出的那些答案。

回归自然可以通过科学手段进行。在这条路上，我们走得过远或者说不够远。在女人和男人之间的生理差异问题上，科学提出的问题不总是恰当的。在这方面科学停留在某些显而易见的认识上：女人做爱并且用身体生育，她能够分泌乳汁，她有可能患上一些与其生理特性相关的疾病等等。这些都是真实存在的现实，而非男女学者基于假设得出的结论。如此一来他们便思忖，相较于动物界，女人是否更接近植物界，一些古希腊罗马时期的哲学家就是如此设想的，尤其是女性文化，它的确不同于男性文化。这种与植物界的相似性是否可能为女性与被动性的关系提供正当的解释？也许女人的易感属性并不只是针对男人，而是针对自然的排布（économie），尤其是宇宙的排布，女人的平衡状态和成长发展与之有更亲密的联系。她所谓的被动性并不隶属于主动和被动的对立，而是意味着另一种排布，另一种与自然和自身的关系，相较于**被动性**，这种关系更多地等同为关切和**忠实**。因此这不可能是纯粹的接受性，而是生长的运动，该运动从未彻底远离自然领域中的身体性存在。在自然领域，生成没有与生命或其场所切分开来。生成不是从生物中推断得出的，也不是建立在必死的特性之上。生成依旧关乎成长：生理的、精神的以及理性的成长。如此，生成不以决定性的方式主宰任何事物，理性持续地作为**尺度**而非掌控（appropriation）存在。作为尺度的理性对男人和女人来说是不同的。对他们之间（一种或多种）差异性的否认等同于对理性的过度使用。

现在的关注点似乎是让一种被动的、追溯性的意向性焕发活力：做女人或做男人意识的觉醒和生成的渴望。只有在我承认我是什么时，我才能依据我的实在调整我的意向。因此，简单的投射和自然直接性不复存在，我要根据我之所是校准我的意向。自此，意向被置于一个没有必要的幻象，没有强加的起源的框架。意向被某种规划驱动或决定，但是该规划并不一定是幻想、想象或制造出来的。我的规划受到我的自然身份的规范。意向确保着自然身份的文化，以便使我成为我之所是。意向也是对我的本质的精神化，以便使我与他（她）者共同创生。

这种创生是朝向人类历史的另一个阶段的通道。当性和性别的实在屈服于某种形而上学或宗教时，创生就是对实在的解放，而上述形而上学或宗教则让性和性别背负某种本能的、未开化的命运。上述维度会成为生命文化的居所也是其能量源头之一，而且自然性也未被消减为生殖。这条由两者参与的辩证创生的路径还代表着一种能让对父权制的批评得见天日的途径，如果对父权制的批评没有同时配有对新价值观的定义，那么它将有沦为虚无主义的风险，新的价值观建立在自然现实之上而且是普遍有效的。

如此，普遍性成为一种追溯性构建而非投射性构建的结果，它来自对现实的回归而不是人为构建。我对普遍性的归属是承认我是一个女人。这个女人的独特性在于拥有特殊的世系和历史。但是隶属于某个性别也意味着在我之前就存在一种普遍性。我应当在我的特殊命运中实现它。

人类尚未在自身中冥想精神，因为男人还没有从以下这种完全笼统的直觉中解脱出来：他是人类的代表。男人未曾为了把自己当作人类的二分之一而摒弃他的那种直接性存在。他曾想象，精神化可以基于单一而非二重来实现，即使在世系层面也是如此。根据这种观点，我们也许的确会走向单一，但我们不是来自单一的：我们生自二重，是另一个女人生下了作为男人的男人。男人从一出生就与另一个女人，另一个性别关联。然而，基于单一的生成却作为起源记录在父权神话之中，与此同时，在一些女性文化中二重性依然留存于社会层面。

男人摆脱其直觉的自然直接性，他认为：我是人类的代表，他未曾开始思考。他处在介于现实和精神性之间的虚假自然之中，两者被文化的时代即我们的时代割裂，根据黑格尔的说法，在这个时代哲学依然沉浸在某种梦游症中而不是处于觉醒的状态。由于男人还没有把自己提升到与自然直接统一的状态，他梦想自己就是整体。他梦想着他是只属于他自己的自然，梦想着由他来完成那项把他与他的本质、与自然以及与他自身区分开来的精神工作。

黑格尔写道，这样的运作需要时间。所以在几个世纪的时间里，哲学的历史都在某种梦游症中展开，如此它才能意识到它的目的或目的性、它的完善或极限以及它的视域。我们只有重新回到源头的底层基质才能学会靠自身冥想，才能学会思考。因为从男人是**唯**一开始的思考还不算是思考。而由此被付诸实施的、被执行的否定的工作尽管是一种苦修，但却与真实的否定无关。

有基于此，以下这点便显得怪异：哲学同虔诚的男人一样，在几个世纪以来都想当然地认为，思考或祈祷应当属于某类牺牲。还有一点值得注意的是，在我们的各种文化中，男人以远离身体的方式来思考或祈祷，思考或祈祷不会帮助他化为肉身、具有肉体。可是，即使思考意味着意识到自己的自然直接性，这也并不表示要牺牲自然直接性。这样的牺牲显示出的是冥想或思想的缺失。在这样的牺牲中只存在多少有些盲目的行为（精神分析家会说这是一种“行动宣泄”），还有经常是无对象或朝向抽象对象的言语或行为，他预先假定自己进入了意识的世界。此处产生了一种谬误。让我们以以下情况为例：为了培育一棵树，是否有必要先将其砍伐？如果是这样的话，我们培育的是什么？是树的理念，而不是树本身。

我们现在的哲学与这种谬误有些相似。男人其实并不是绝对自由的。这并不是说他受到自然的奴役所以应当超越自然。这也不意味着他是奴隶。他是**受限的**。他的自然完整性存在于由**两性**构成的人类身上。

男人只知道人类本质的一部分，这种局限是生成和创生的条件。

所以男人无需把他的本性看作负担，也不应为自己编造出抽象或不真实的第二种人性，他更不应以假造的平等的名义消解男人和女人之间的差异。他应当认识到，他只代表二分之一的人类，这个条件让他能够不进行否定的**反自然**工作就企及无限。只代表二分之一人类的事实，使得人有可能在不否认整体是什么的前提下去构建整体。而如果从整体出发，生成就被迫使为了构建自身而否定整体。同大多数哲学家一样，黑格尔忘记了从某种意义上说，自然直接性不是绝对的，也不是简单的直接性。自然在其自身中遭遇到其局限。这种局限已然存在于**代际更替**（**génération**）之中，但横向来说它也存在于女性和男性的**差异**之中。而且这两个维度是彼此交汇的。

因此，自认为拥有独立于自然的自由和自主是一种谬误。作为世界的一半我不是自由的，自由一般是被构想出来的。我并不反对自由，如果我作为我之所是，即二分之一的人类拥有自由，那么“我是自由的”就是恰当的说法。在且仅在该意义上，权利——我的权利——对应着对生命的尊重。

作为普遍性的性别差异

我们可以换一个思路来思考事物。我们现在对人类的了解依然对应着人的需求：为了生存，人需要食物，需要睡眠，需要运动，需要集体或群体，需要上帝，需要肯定人或神的权力。没有什么是超出这些需求的。对需求的强调让人搁置了性别差异问题。的确，人们有可能相信，女人和男人有相同的饮食、睡眠等方面的需求。这些需求似乎是普遍和中性的。但是此处涉及的只是某些需求。我们的文化很有可能未曾超越或者说回到了需求的阶段。

基于这一点，对于我们的文化来说，无论是马克思主义还是精神分析，如果按照其惯常的表述和应用来看，它们都不会助益进步，甚至可能起到反作用。

一般来说，语言自身也停留在需求的水平，这其中包括主要以为自然、事物、他人命名的方式掌控这些的那种语言。语言学家们关注的是语言的必要性，他们经常受限于内涵和外延的问题。在他们看来，语言的作用是指称："这片草原是绿色的""把盐递给我"，或者用于表述个人的情感："我对某物心怀憎恨""今天天气太糟糕了""夜晚很美"等等。在此意义上，语言被用于传递信息，没有任何语言是特别适合被用于交流的。这样的语言是用词语来表述一些对**需求**来说必不可少的现实，这其中也包括从额外的感受中解脱的需求。

有关上帝的问题甚至也可以如此处理。只要我们没有能力彼此言说，那我们把上帝想象为最高等级的精神就是错误的。这样的上帝是且仅是让我们仍处于失语状态的秩序的基石。他所支持的是对应某个历史时期的社会秩序。然而一种社会秩序的神性的投射（projection outreciel d'un ordre social）——恕我直言，包括对于上帝本身来说——理应实现精神层面的演化，在性别差异的相关方面尤为如此。

因此，几世纪以来我们的社会组织都是父权制的。父权制社会组织对应的是由男人建立的文明，是男人之间的社会，女人是每个男人也是所有男人的财产：她既是自然财产，也是家庭财产。

这种社会排斥女人之间的关系，它分化女人，因此在那里不存在女性文化，有的只是针对母性的教育。在这样的文化中不存在女性身份模型，这很正常或者至少是可以理解的。这样的文明既没有女性哲学也没有女性语言学，既没有女性宗教也没有女性政治。所有这些学科门类都只匹配男性主体。

今天，想要为男人对人类历史的掌控挽回声誉的做法等同于回到基本需求层级的倒退或是承受金钱统治的束缚，这种统治带着虚假的中立面具而且会解构身份。这种行为还意味着相对有意识地否认女人需要一种与其本质匹配的文化，否认人类能建立一种新文明，该文明的前提是根据人类的实际情况让两性都得到有效的代表；不只是以信息传递的形式，而是以交互主体间交流的形式保证两性之间的交流。

然而对于男人来说，目的论等同于把前景的源头为了自己保留在自己身上。目的论的本质虽然是神圣的，但它不是要与他（她）者展开对话而是悬置与他（她）者关系的互动，以便实现自己的意向。整个西方哲学就是通过主体——历史上都是男性主体——掌控意志和思想的**方向**。现今，女人们也进入了该学科，但这并未改变什么，而且如果哲学的意图没有更改，如果主体不被以其他方式重新构成，那女性进入哲学学科甚至会产生最坏的后果。我们需要进入另一维度，另一意识层次，居于该层次的人不再着眼于掌控，而是试图找到被动和主动之间的精神和谐，尤其是在与自然和与他（她）者之间的关系中找到这种和谐。如果立足于西方传统的核心目的，即使或乃至当自然的支配服务于至少在表面看来正确的事业时，这种支配可能也不再是哲学的关键意图。问题是，在人服从财产和主体服从客体（这并不意味着对客观性的服从）之外，如何找到一种新排布，它有能力给予和接受、有能力具有被动和主动属性，有能力在保持关注互动的同时形成意向，即找到一种生存和存在，它的性质既不是掌控也不是奴役，而是不会构建出客体的交换，这种言语、动作等方面的交换是至关重要的，是文化性的。如此，在一切客体交换之外，人们能够实现交流，有时还能达成**思想和感情的相通**（但我们暂时先不涉及这种复杂的交流模式，在这种模式中一切幻觉都是可能的）。所以现在我们要做的是创设另一个时代的文明或文化，在这个时代客体的交换，特别是女人的交换将不再构成文化秩序的基础[1]。

而且对于我们来说，现在难道不正到了成为相互交流的主体的时候？我们难道不已经穷尽了其他时机，甚至其他意愿？现在不正是既能言说又能在**我们**之间互相言说的时候？这两者的意义完全不同。如此一来，在业已存在的语言和言语、秩序和法律的等级传承和我们之间意义的现实交换之间，存在一种主观的排布差异。第一种传导或教导的模型更具父系、世系、等级属性；第二种模型体现出更多的横向性和主体间性。前者有让人屈从于过去的风险，后者为了将来的构建而筹备现状。第一种模型按照传承依赖的模式运行，第二种遵循的则是相互倾听的模式。这种模型不排斥尊重，特别是对他（她）者经验的尊重，如此一来除了信息的传递，**他**或**她**还可以带来对文化来说不可消减的那部分内容。第一种模型不是严格意义上的交流模型。它至多只是一个信息模型，在此模型中知识只是作为信息的总和和该总和可能赋予的权力被构建，被赋予权力的对象包括：各种机构、同僚或信徒

1　关于这一点可以参考列维–施特劳斯的著作。

们。第二种模型是通向交流领域的入口，是创生与思想文化交换的世界，在那里没有任何人（男人或女人）会成为主人或奴隶，否则该模型的目的就会消亡。

为了打开上述领域，男人和女人之间的关系是根本性的；该关系是交流最深层的根基，是创造性的、普遍的场所，它兼具自然和精神属性，被动和主动属性。

男人放弃支配自然，放弃支配主观性排布，女人发挥能掌控其本质的才干，拥有主体性，只有在此前提下，这样的关系才能被践行。这意味着女人应当构建一个身份的客观模型，该模型能让她们把自己定位为女人而不是母亲，更不是在与男人的关系中与其同等的人，即男人。

因此，我们需要几乎同时进行两个行动：一个是构成行动，另一个是解读行动，也就是摆脱某种文化身份，从人为地将男女分割开来的放逐之地出逃。对于男人来说要摆脱的身份是机械和技术的标准以及权力的构建，对于女人来说则是生理和情感的构建。男性的生成更加依赖理智，表面上看它可能更加理性，但实际上并非如此，因为它服从于自然直接性，即对男性的生理性别或社会性别的归属，这种自然直接性依然是未经思考和无组织的。被强加给女人的第二种身份模型可能看上去更加个体和任意，但它遵守的合理性是当今社会无法回避的。女人作为母亲、育儿者和家庭主妇而得到社会的看重（集体需要女人生育子女，他们是经济生活中的劳动力，国家的守卫者和社会的生产者，此外，对于国家来说，家庭单元是最能带来收益的单位，因为很多工作都被以无报酬的形式承担），女人被剥夺了其女性身份可能的内向化。女性身份被作为一种纯粹的外在性强加给她。这就是女人自己和定义女人的社会一样都把母子关系置于优先地位的动机之一，母女关系让女人，让女性群体注意到她们主观身份的缺失，母女关系激发出的情感没有与之对应的文化组织。所以对女人一方来说，母女关系是努力建立自在和自为之间的中介和关系的重要场所之一。的确，我们有必要定义一种女性的文化。

母亲与女儿，女儿与母亲的关系所代表的维度显然使得一切简单的性别平等主张变得过时。女性群体拥有与男性群体不同的，具有一部分集体性的另外的个体历史。这种历史需要在精神上被解读、被构建，从而开启我们文化的新时代，在新时代主体将不再是单一的、唯我的、以自我为中心的、具有潜在帝国主义属性的主体，它将尊重差异，尤其是自然和主观性自身所带有的那些差异，即性别差异。

性别差异无疑是最适于普遍性的内容。事实上，这部分内容既是真实的也是普遍的。性别差异是自然的直接给予，它是普遍性的真实且不可消减的构成部分。构成人类整体的是女人和男人，而不是任何其他什么。人种问题实际上是次要问题——除了从地理学视角看？——它让我们只见树木，不见森林，其他的文化、宗教、经济和政治多样性也是如此。

性别差异很有可能是我们能触及的最具普遍性的议题。我们的时代所要面对的正是如何处理该议题。的确，在整个人类世界有且只有男人和女人。

关于这种普遍性的文化尚未诞生。个体被认为是特殊的，但人们尚未充分解读存在于个体身上的普遍性，即个体作为女人或男人的普遍性。

在我们文化的历史中，人们总是谈论**我**。**你**或**他（她）者**也被提及——无论**你**意为我的同类还是与之完全不同的上帝，无论是某些哲学家口中的**你**还是忘记了这个**你**其实一般指的都是**他**的某种神学中的**你**。但是这些在被限定的领域内部似乎很明确的**我**和**你**，依然是模糊且抽象的。只要谈到活生生的男人和女人的具体生存我们就难以回答**我**是谁，**你**又是谁这样的问题。女人对男人说，**你爱我吗？**他回答道，**我思忖我是否被爱着**。如此一来，如何构造出**我们**？

为了造出**我们**，有必要赋予女人和男人真实的自然和精神身份，还有一点也是必需的，我们不能跛脚前行，一脚踏入纯粹的自然（即繁殖），另一脚踏入抽象的文化。对于女性群体来说，上述要求更为迫切和必要，但对男性群体而言，它也同样是存在的。

我们至少意味着**两者**，独立的、不同的两者。无论是在人类的生理性别，社会性别，还是在城邦之中，这样的**我们**都还没有诞生。在城邦中公民（其中的女性公民依然只是男性公民的翻版）是以一加一加一的形式构成的社会整体，是男性类型的权力包含的君主制或寡头制威权下的某种无差别的混合体（即使当这种威权以所谓民主的形式出现时也是如此）。在那里个体主义既被设定为标准又被证明是不可能的，因为公民的自主性尚待构建，城邦由女性群体和男性群体构成，因此最根本的就是构建他们的自主性。

上述文化和政治方案亟待建设。它要求每一位身份为人或神的领导者从他或她的宝座上走下来，首先作为男人或女人存在。

公民身份的重新赋予

当前的社会管理通过金钱运行。奴隶制最初就是由此诞生的。每个人或几乎每个人都依赖金钱。例外的只有某些（男、女）农民，素食的隐士，以及某些以大地的果实为食，也以天然材料为居的罕见人群。

人们对金钱的依赖性程度存在差异：一些人比另一些人拥有更多的金钱，一些人比另一些人更为自主。但是我们所处的生产体系让我们每个人都依赖金钱并且互相依赖。

如此构建出的社会不但没有自由，还存在来自个体、群体和国家的攻击性爆发。每个人（男人或女人）都想确定，当涉及普遍的依赖和相互依赖时，他（她）

的主体性、资源、文化和权力能够使人敬服。他或她可以在一段时间内引发关注；子系统的调度会因此而不同，但是这并不能从根本上改变事物运作的方式。所以海湾危机限制了一些生产并且引发了另一些生产。而所有这些都只是加强和巩固了相互的依赖和对金钱的依赖。

如何挣脱上述普遍存在且愈演愈烈的人的异化？公民社会必须从金钱的支配中解脱出来，这意味着人们要重新从包括人的自然实在性在内的人的实在性出发，从而重新构建法律，构建各个门类的法律。

主导社会的是两种自然必要性。其中一个看上去可能是不带有性别标签的，是中性的：我们所有人都要呼吸、吃饭、穿衣、住宿。这种必要性支配着我们的社会，但伴随其合法性的是金钱的过分巨大的权力——尽管它不可避免地导致富人和穷人、富裕地区和贫穷地区之间产生新的等级制，可这种权力却很少被民主体制质疑，虽然这些新的等级制配有人们出于同情建立的一整套规范体系以及促进分享的呼吁，但它们依然有加剧人类尊严丧失，恶化人与人之间的权力关系的风险。

分享行为自然优于听任人们因饥饿而死的做法。但是它依然包含着一些人施加于另一些人身上的权力，金钱就是这种权力的媒介。

人身上除了需求维度还有另一个维度，那就是与能量相关的欲望，尤其是性能量。人的这个有性别差异的维度对于社会生产和再生产来说是十分重要的；没有它就没有社会。但是它的崇高和必要性并没有得到承认。公民社会依然臣服于金钱和金钱的支配。金钱成为普遍的媒介。但是在金钱那里，人类的自由和文化都发生了异化。

然而我们依然是男人和女人。这构成了一种有生命力的普遍性。该普遍性与真实的人，人的需求、才干、欲望相关。这种普遍性代表着被分为二重的特殊性。由此，尊重女人和男人之间的差异就已是文化。这种普遍性是对自然直接性的超越。如果男人和女人把对方作为他们各自代表的二分之一的世界来尊重，他们就能通过这种对他人的认可超越自己的直接本能和冲动。如果他们承认自己不是人类的全部，不能像拥有财产一样拥有他人，那么他们就是精神性的人类。在性别差异中，只有把自然实在性作为主体的构成要素来遵守，作为界限的否定才是在场的。

在某种意义上，性别差异是无主人及奴隶的辩证法的最强大的动力。这种辩证法是可能的而且不会带来任何悲剧，因为它让某些在单一、唯我主体的辩证法中必须存在的对立失去了效用。这样的辩证法必然引发一种符合人的自然实在性即性别差异化身份的人的法律[1]。

得益于这种法律：

普遍性和特殊性得以和解，但依然各自独立。每个男人和女人都是特殊的个体，但也因其性别而具有普遍性，应当存在一种与其性别相符的适当法律，任何男人和女人都共有的法律。

面对这种法律代表的普遍性，每个人或每个个体都既主动又被动：正如一个人生而为男人或女人一样，一个人也作为男人或女人接受法律。这个人作为男人

1　关于该主题参见：《性别与亲属关系》（午夜出版社 1987 年版）中的导论和“作为中介的普遍性”一章，以及《差异的时代》以及《我、你、我们》这两本书。

或女人进入社会，作为男人或女人受到保护，这个人应当遵守、保持并且历史性地发展这一法律。

因此，精神性中的自然性不应再被废除，具体的精神性由自然性的文化构成。对于这种文化来说，作为中介的适当的公民法律是必不可少的。这种法律所关涉的真实的人的需求和欲望——例如生命以及各种生命特质——也是真实的。这种法律不会仅仅局限于处理与财产相关的问题，而现行民法的大部分内容都与财产相关。

为此，让法律匹配真实的人能够克服基于其自身意志的必要性或诉求层面的主观性和客观性之间的分裂和矛盾。而就客观性而言，这种匹配赋予法律的内容不只是外在或形式的，而是人自身的本质所需要的。

在此意义上，互相承认身份已经意味着通过对自身否定的承认来克服本能及自我的直接性。“我具有性别差异属性”暗示着“我不是整体”。如果我承认另一个性别的存在，那么我认同我的性别就是进入中介的世界。因此，将不再有我的意志与意志自身的简单的统一，因为我将我的本质作为一般性身份来遵守，它制约着我意志的直接性。不过这种制约不是来自某种抽象的、不具人格的律法。它的威信是基于我实际上具有的客观性。男人或女人在被他人限制之前，都被自身限制，这是基于他们自己那存在性别差异的身体的客观性和随着自身进入世系而产生的特殊性。在此意义上，并不存在直接主观性。这个概念，这个观念或这种表述是错误的。同样，以下观念也是不恰当的：我的意志可以与所有人的意志一致、相等或相似。我的意志应有别于所有人的意志，这样我的意志才属于我自己，才在尊重他人独有的身份的前提下对他人来说是积极的。所以，具体构成道德和伦理原则的是对真实差异的尊重，性别差异是其中最特殊、最普遍的模型，相对于这一模型，世系是次要但必要的观念范式。

在此定义中，遵守法律成为一项道德和伦理任务。这项任务统摄着每个个体——即男人或女人——的精神行动，并且施令于社会组织。由此，宗教不再被当作支持或反对把他（她）者当作他（她）者尊重的主观壁垒来使用，社会权力中发布专制指令和以主人的身份施加管束的部分已被去除。行使公民权利，履行公民义务的是每个男人和女人。如果有男人或女人赢得了选举，那么他们的任务是确保民法得到遵守。

因此，法律可以作为在自身和为了自身的主观意志之间的辩证工具发挥作用。法律构成了一种客观性。但是，法律虽然与个人的实在性匹配，却依然有主观的一面。它是忠于自身的主观性的保证，主观性不被客体定义，也不在客体那里发生异化。

人的法律起到的是监管作用，它让主观性得以生成且不会在占有中自我异化。它让主观性的生成成为可能，而没有使其在占有中异化——那已经是过去时了。人的法律在不侧重占有和针对所有权展开的竞争的前提下规定了人与人之间的关系，上述竞争往往定义了男性和女性公民的主观性，并且使其沦为这样或那样的总是相互争斗的低层次支配者。

在此意义上，所有权主要对应的是纯粹的存在：对应着每个男人或女人是其所是和长成为其所是的权利和义务。因此，公民身份不再由对受民法保护的财产的受民法保护的获取来定义。公民身份在实际层面而非抽象层面对应着公民出生时的状态。被记录于公民身份登记表上的女人和男人们就是公民。所以，法律不再是一位无所不在的，兼具立法者和执法者身份的主人所颁布的纯粹义务。法律为每个男人和女人的身份及其对该身份的自我掌控提供保障。如此一来，公民的身份便与财产——无论是动产、不动产还是象征性财产——的数量和等级无关。公民身份是每个男人和女人一出生便应拥有的权利。每个男人和女人都有权利和义务是其所是。

这样一部法律是真正的民主的条件。在这部法律中，每个男人和女人自出生起就是完全意义上的公民。

在这部法律面前，包括世系权力在内的等级权力都被抹杀。由此，女孩或男孩一出生就享受成为公民的权利。每个男人和女人都作为自身被国家保护，如果有必要的话国家会保护他们远离家庭的侵害。家庭因此不再是无所不能的权威任意妄为的场所。公民社会抑制着这种权力。同样，自然法也不再仅具有家庭属性，因为公民身份与自然身份联系在一起，女人或男人就是一个人的自然身份。

让法律成为主要关涉个人而非财产的立法模式，意味着使法律的作用和功能对每个人都至关重要且具有推动价值。相较于存在的权利，投身于某事的选择或致力于获得某种财产的选择只是第二性的。

从这个角度来看，人们在很大程度上不再根据财产获取和财产所有权来定义法律，即不再根据一种与人相比相对外在的属性来定义法律。

法律是对生命的保护和培育内在性的手段。它证明了生命属性和性质的差异性——例如作为女人或作为男人——要求我们制定一部国家充当保证人的民法。出生民事登记对应着国家和一位刚出生的公民签订的合约。从那时起，法律不仅涉及偶然性的事物还是关乎构成国家的公民的存在。

法律的一般性程序以及正式的法律和个体的主观意志的对立都应当在这种司法权模式中得到划界。这也适用于所有那些合法的客观框架之外的主观性主导的做法：复仇、父母权力的滥用、针对妇女和儿童的暴力行为、与对个人自由的尊重背道而驰的宗教习俗等等。

为了使人自由，为了赋予生命，为了以尊重理性的方式团结众人，我们应该向个人、团体、人群做出何种的承诺？难道不应先推出一部赋予生存权和责令众人尊重他（她）者的民法典？在不存在或在个人层面几乎不存在一部个体法律的情况下祈求国家的尊重是否过于超前？更何况现在的国家由男性民众代表。重新定义一部法律正好必须经由重新定义与真实的人，即不同年龄段的女人和男人相符的个体权利来实现。从这样的法律的视角看来，公民权威将成为一项服务而非权力。它不再规定律法，不再规定各种法律，它关注的是每个男人和女人的权利行使情况。

根据这样的法律，律法优先保护生命。一直以来，生命都首先是个体的，个人的。生命也一直是具有性别差异的。社会保护着构成社会的人的实在性的这些维度，社会不让个体服从于多少抽象的司法机器，而是管理所有人之间的亲近或疏远的关联，这些关联首先由对生理性别的从属决定，但总会受到民事立法的制约和控制。因此，社会关系连同多少带有情欲的情感或精神上的感受，多少带有经验性或思辨性的真理，建立在实在性和生命之上的文化和政治被这样组织起来。某种结构，更确切地说是身份辨识的、精神化的、在活生生的人之间建立联系和交流的多种结构，取代了多少关乎死亡的权力机器的运行结构。文化同化和内化的程序替代了大众统治的外部辅助框架。此外，几个世纪以来这些框架是根据弗洛伊德描述的性模型作为男性性征的模版逐渐形成的，在弗洛伊德看来唯有男性性征能产生力比多。所以这些框架中含有力比多的积累和饱和，力比多的积累和饱和需要定期释放然后恢复到虚假的生理稳定状态（pseudo-homéostasie）。如果社会模型是按照真人的实在性被组织而成的，那么它们将含有稳定的调节机制，恒定的能量分配，且不存在紧张或僵化状态，一般来说解决这类状态需要发泄性的灾难事件。通过吸引力和克制力之间的永久性再平衡，也许会产生尊重生命的和谐和增益。它们会反过来为每个人维持和保存自身的能量，这种能量服务于生命和文化，它克制不计后果而且没有前景的扩张，保护和留存获得的成果，特别是生物和文明的成果。

在我们文化的抽象和交易之中，其实只有在性行为里人们才有可能回归自身（上帝被最普遍地定义为超越自身的存在），但是这种回归对应的是消除，是欲望能量、欲望内化的清零。爱情的工作理应只留存下作为产物的孩子，这让爱情服务于世系，这也论证了为什么像黑格尔这样的思想家会把孩子定义为父母的死亡。不幸的是这种死亡不能为孩子或为恋人们——为男人和女人——带来文化属性。孩子是恋人间身体关系对应的产出，这并不排斥生育中的精神意志。不过孩子维系着恋人们欲望的自我超脱。如果黑格尔认为女人和男人之间的爱情屈从于生子的义务且只被承认具有生殖和塑造父母的属性，那么他就否定了这种爱情的内在性。

在某种意义上，黑格尔未曾设想的是人类历史中某个时代的终结。他认为他的时代和他的体系能够解释说明人类历史的最终目的。在西方哲学中他的理论可能是最为强大有力的，但是我们也许可以辩证地对待该理论本身。如此，根据黑格尔设想的人类历史，他可以只分析属于男性主体的自为，黑格尔并未按这种自为自身的样子来解读它。黑格尔所说的精神并不像他认为的那样绝对。这种精神可以在其自为和自在层面被辩证地处理。事实上，如果自为的独特性一直未被分析，那么精神就含有尚未精神化的实质和主观属性：

现今，我们能够观察到上述情况的各种表征：

——人类历史精神性的没落，

——统摄法律、宗教、文化等各个领域的主观和客观的不公正，

——主观性无法把握当今的时代，这不只体现在技术层面，还体现在信息交流层面。

技术实际上构成了人类无法将之彻底地辩证处理为自为的自在。绝对精神的统治已不可能。如果说男人曾相信能够掌控自然，那么今天，他无法完成对科技的掌控。

由此，辩证法应当重新被应用于人类历史本身的发展，以便决定该历史中的一个时代并使之能够成为精神生成中的境况。我们应重新思考辩证法，把它作为一种与历史的发现和必要性相关的方法，一种有助于确保男、女主观性——即这些真实主体构成的夫妻和群体的主观性——的构成以及这种主观性的时间性的方法。

这样一来，否定将有另外的功能。它会成为对局限的承认，这其中包括自然的局限，自身的局限和自身精神的局限。由此，否定不再是只属于男人的权力，男人也不再是唯一能决定否定的人。

而**我**作为人类主体则能决定是否赞成这一点，决定是否让他（她）者和世界的一部分存在并生成，**我**也可以反对他（她）者和一部分世界的存在和壮大。我可以同意承认对我来说陌生的实在性，该实在性将永远不会成为我的实在性，但是它决定着我，我与它之间存在着联系。构成完全不同的大写的**你**有如下风险：发现**你**只不过是另一个我，**你**是同一性永恒的担保，是我的形象、我的典范的永久守卫者，所以在构成一个完全不同的**你**之前，我可以试图与真实存在的他（她）者交流和对话。

我们承认他（她）者是不同于我、不能简化为我、无法根据我的精神设想的存在，上述本质的改变就发生在这种承认的构成中以及主观性的构成中，这种改变有可能开启尚未到来的人类历史的新时期。为了使其存在，我们需要推动法律和符号程序上——即言语和各种语言层面——的变革。这就是为什么我在规划与人类历史中可能获得的至福相关的纲要时，选择特别关注这些领域的原因。

她者：女人

在与女人的自由相关的议题上，存在很多无用的误解、混淆、冲突。我想尝试解释其中与我的工作相关的几个问题。出于这个目的，我会列出三个彼此相关的说明性实例：第一，《窥镜》[1]一书的标题和副标题的含义；第二，自《性别差异的伦理学》之后，我的理论和政治定位的改变引发的意见和猜测；第三，我同一些秉持性别混合原则的政治团体（其中包括过去

1 《窥镜：论他者女人》(法语书名为 *Speculum: De l'autre femme*)是伊利格瑞 1974 年于午夜出版社（Editions de Minuit）出版的著作。——中译注

的 P. C. I.）的共事导致某些人指控我不忠或背叛。

我在《窥镜》一书中设计了一些文字游戏，该书的题目中也有一个，我这样做的目的是让另一种真理得以显现。窥镜是妇科检查的工具，但是 **speculum** 一词在比我们的文化更古老的时代被用于指代最忠实于现实的表述。例如 **speculum mundi** 就是一个经常被使用的标题，我也想到过是否用这个题目。它的含义是世界之镜，它不是指镜子显示出的世界的映像，而是指用言语表述关于现实或世界客观性的思想。不幸的是，对我的论述来说最为重要的这层含义却是最鲜为人知的。所以，我最初的意图被普遍地误解，这种误解在对副标题“论他者女人”的解读和翻译中体现得尤为明显。

当然，我在按照这样的方式用法语写下标题和副标题时冒了一定的风险。以下这种命名方式原本可以减少模棱两可的解读：《窥镜，论他者：女人》。故此，我讨论女性身份的第一本书的意大利语版本可以采用如下几个标题：《窥镜，关于作为女人的他者》（*Speculum, A proposito de l’altro in quanto donna*）或者是《窥镜，论他者：女人》（*Speculum, De l’altro: donna*），而将之翻译为《他者女人》（*L’altra donna*）

并不符合我想表达的意思，而英语译本的题目：《他者女人的窥镜》（*Speculum, Of the other woman*）则更加明显地偏离了我的意图，题目本可以译为《窥镜，论他者女人》（*Speculum, On the other woman*）或是《论他者：女人》（*On the other: woman*），译者本可以使用第二个版本，它更好也更为恰当。关于西班牙语版标题的翻译，情况也是如此。德语版选择的标题是：《窥镜，另一个性别的镜子》（*Speculum, Spiegel des andere Geschlecht*）。这个选择似乎更好，因为它避免了可能的对两个女人之间关系的强调，不过把重点落在镜子上依然让镜子显得过分重要，而对女人和女人作为他者的自身的辩证关系的暗示则不复存在。

我选择《窥镜，论他者女人》（*Speculum, De l'autre femme*）作为标题和副标题的意图对应着——不只是在思辨层面——作为女性构造一个他（她）者的世界的计划。故而我不会举起任何一种镜子让其映照一个她者或她者女人。在《窥镜》一书中，关于镜子的议题主要是为了解读和批判西方主体的同一性（le Même）中的禁锢，为了构建女性身份必须使用另一种镜子，与此相关的提议也包括在上述解读和批判之内。

所以，《窥镜，论他者女人》中标题和副标题的意义不是仅指（两个？）女人们之间的经验性关系，也不是指露西·伊利格瑞业已构建的与那个她者女人（l’altra donna, the other woman）的关系。女性的一般属性还未作为女人的代表或理想性内容存在，既然如此她者女人又会是谁呢？

《论他者女人》中的他者应当作为名词来理解。在法语和其他一些语言例如意大利语、英语中，它本来指的是男人和女人。在《窥镜》的副标题中，我想指出他者在语法和语义上其实都不是中性的，现在已不再可能对男性和女性无差别地使用同样的词。不过这种做法在哲学、宗教和政治中是很常见的。在这些领域中，人们谈及他者的生存，他者的爱，他者的忧虑等等，但却不思考他者代表的是谁，是什么。关于他者相异性的定义是缺失的，这使思想包括辩证法在适用于唯一主体（男性）的理想主义迷梦中，在唯一的绝对诱惑中陷入瘫痪，并且使得宗教和政治停留于一种经验主义，当涉及人与人之间的尊重时，这种经验主义从根本上就缺乏伦理规范。确实，如果他者的定义不再基于其实际的现实，那么他者只不过是另一个我，而非真正的他者；他者的存在性可能比我更

强或**更弱**，他者拥有的可能比我**更多**或**更少**。这样一来他者便能够代表我的或是普遍意义上的绝对的伟大或完美，大写的他者，即上帝、主、逻各斯；他者可以指代最弱小或最贫困的人：孩子、病人、穷人、异乡人；他者可以命名我认为的与我对等的人。按照这一思路，并没有真正意义上的他者，而只有同质者：比我更弱小的存在，更强大的存在或与我对等的存在。

不过，在想让他者成为对等者之前，我认为应当思考：我是否有资格提出他者是我的对等者？而后需要思考的是：所有这些所谓的对等者在社会层面将根据何种措施、何种秩序、何种权力、何种大写的他者被聚集和组织起来？

男人和女人之间的他（她）者是真实存在的：在生物、生理、理性层面都存在。能否生育构成了一项差异，此外差异还包括，作为与女人性别相同的女儿或性别不同的儿子从女人身体中出生，以及身体具有和体现出的各种不同的特征和属性。在我们所处的时代，有些富有或天真的男人和女人想要通过诉诸以下手段来抹杀这种差异：提倡单一性别（monosexe）、唯一性别（unisexe）或采取被人们称作身份认定的方式：无论我在身体上是男人或女人，我都能够把自己认定为并且成为具有另一种性别的人。这种新型的人民鸦片诱使人们把他（她）者，尤其是男、女之间的他（她）者简化为一致性、相等性、同一性从而使之消失，而男、女之间的他（她）者是真实相异性的最终扎根之所。上述消解物质、身体和社会身份的梦想通向一系列的幻影，通向既没有尽头也没有最终目的的冲突，通向形象或映像之战，它还会使权力分配的依据从实际的能力改为想象出的或自恋性的动机。除非金钱自身成为理想性的唯一关键所在。

在这个时代我们的使命之一，是积极地构建男人和女人之间的相异性，并且不让这种相异性倒向一种男尊女卑式的运作方式。我写作《窥镜》的意图是构建一种让独属于女性主体的辩证法成为可能的客观性，即女人的本质与文化、她的同一与他（她）者、她的独特性和群体性、她的内在性和外在性等等性质之间的特定关系。《窥镜》[1]和我其他的著作都强调两性之

1 参见《窥镜》一书，第266—281页。

间——客观和主观的——不可消减性，这需要创设女人与其自身关系的辩证法和男人与其自身关系的辩证法，这种二重辩证法能使在女人和男人之间建立一种真实的、培育性的、伦理性的关系成为可能。这是一项兼具哲学和政治属性的任务。不能将其混同于自传叙事，混同于不了解针对基础主观性的否定工作的言词，混同于直接情感，自我确定性，模拟或重述的直观真理、历史性叙事等等。

在花了一定篇幅评论过《窥镜》的标题之后，我认为我已经解释了为什么我在《窥镜》出版之后马上计划撰写《性别差异的伦理学》一书，以及为什么希望与 P. C. I. 共事和我之前的工作在逻辑上是一致的，P. C. I. 承认作为女人的他者（l'altro in quanto donna）对历史中正当辩证法的展开具有的重要意义。此外，这种辩证法要想脱离主人（们）—奴隶（们）关系，就不能不能规避两个人类主体——男人和女人——的存在。

让两性之间的差异成为辩证法生成的动力还意味着能够摒弃死亡的主宰，从而终于可以关心生命在自然和精神层面、个体和集体层面的增益。

不过除了男人的补充、反面、残余、必需品、他者，很多女人，以及男人，还不会把女人设想为其他什么。成为其他什么意味着她能够在真正意义上成为她者。她不再被困于单一主体的排布或视域而成为其他。在《窥镜》中，我试图质疑上述基于男性主体视角定义的女性的相异性。我质疑如这般被认定身份的自身：女人是且仅是男人的他者，为且只为男人成为他者。

有人问我建立性别差异思想所使用的方法，我的回应是，我正在采用多种方法或是我在寻找最适当的方法，但是我用来写出《窥镜》并且每天都继续使用的方法是颠覆。近现代哲学家们都使用过这种方法：马克思颠覆黑格尔，尼采颠覆柏拉图主义，在某种意义上（存在于海德格尔等其他哲学家的理论中）返归问题（problématiques de retour）就是颠覆的问题。区别在于，马克思颠覆黑格尔，尼采颠覆柏拉图主义，返归问题颠覆的是人类历史……因此问题的关键在于，要颠覆某种外在于自身且已经作为外在于自身的事物被构建的事物。用弗洛伊德的话说，这或多或少与某个渴望长大的儿子进行的（精神）弑父以及对祖先或祖先成果的颠覆相关。

就我而言，我所颠覆的是我自身。我曾经是且仅是男人的他者，为且只为男人成为他者，我曾经试图作为隶属于女性性别的人，为我定义我的客观相异性。我曾进行了一场对强加于我的女性特质的颠覆，以便试图定义符合我性别的女性属性：我的女性本质的一体化自在自为（en-soi-pour-soi）。要实现这样的运作是极端困难的，对我的工作及思想的大部分误解也可以由此得到解释。与大多数女人不同（关于这一点可参见西蒙娜·德·波伏娃《第二性》的导论部分），我之前不想讨论他者：那个被作为男人的女人他者（l'autre-femme）和为男人成为女人他者的女人，不想在我们文化的男性和父权视野中讨论女人他者。我也不想像之前的思想家们所思或所写的那样，运作一场以我所谓的主宰者们为对象的弑亲行动。不。我那时想做的是着手定义女人是什么，定义作为女人的我——不只是作为**一个**女人，而是作为自由地归属女性性别或属性的女人——我采取的方式是实践一种限制或部分否定的运作，这种运作不只针对我的自然直接性，还针对我作为女人——男人的他者和为了男人而成为的他者——的是之所是，即男性文化的他者。因此我试图起草的是属于女性属性的精神性，这当然要通过限制我的需求或欲望以及我的自然直接性来实现，尤其是我需要作为且仅作为世界的二分之一来思考自身，不过除此之外，我还需要质疑在男性属性或父权制文化中强加给我的精神性，在这种文化中我是同一性的他者。

现今大部分女性著作是为了描述一个在以男性为主体的文化视域中的女人存在。在这种情况下，女人们是一个女人、另一个女人、又一个女人的叠加，这些只具有特殊性的女人们描绘或讲述着她们的人生。这已经是一种发声。但是这样一来，在唯一性（unité）的定义中似乎缺乏一种多重性（pluralité），即女人，不过作为被男人限定的女人或者作为可能的自然直接性的女人也许不在此列。这些女人的本原，更确切地说是这种女性身份的本原绝大多数时候仍然是男人。正如我们的传统宣扬的那样，上帝是男人的本原，男人是女人的本原。只要我们一天不按照女性属性——女人——本来的状态定义她，这种情况就会一直持续下去。女人将永远是男性群体的造物，是大写的人/大写的男人（Homme）的造物。她们在面对她们自己和其他女性时，永远不能真正地创造，为自己创造一种典范，因为她们缺乏身份和中介。她们可以批判她们的境况、抱怨、自我或彼此排斥，但是她们无法创设人类历史或文化的新时代。

然而，制定女性身份的新模型是在女性之间以及女性和男性之间构建新式关系时备受阻力的地方之一，或者说是遭遇最大阻力之处。男性群体以其文化的名义维系着这种阻力：他们不能丧失对人类模型的垄断以及代表人类典范的特权。他们是大写的人，是（中性的）他[1]，是大写的他，是一般性的人，而女性群体则是这个人类性别中一个个（具有男人或女人属性的）人的叠加，女性性别实际上具有男性属性。某些女人也在维系着这种阻力，她们没有从人类层面自我定义为女人的经验，而且很不愿意承认女性身份模型的存在。她们通常还是那些最强烈地追求与男性的同等，遏制女性身份和女性典范的人。如此一来，这些女人对于民主有一种怪异的认知。因为她们没有自己的权利，所以在她们看来民主往往意味着把所有女人都拉平到最低水平。无论是基于某个人自身抑或是在理论上或思想上，她们鲜有在一个女人的价值中辨识

1　法语中充当无人称主语的中性代词与主语人称代词的阳性单数“他/它”在形式上是相同的，均为 il。——中译注

出可举荐的身份模型。很不幸的是，最早声称女人不存在并且不能存在的正是女性群体自己。这意味着她们拒绝赋予女性属性一般性身份。这种否认扑灭了构建包含两种生理性别、两种社会性别的文化的可能性。我们停留在这样的视域：男人是人类的模型，在人类中有的只是经验性存在的女人或没有专属身份的自然实体。

女性的解放以及人类的解放都要经由对女人一般属性的定义来实现，即定义什么是女人而不只是定义这位或那位女人为何。女人群体摆脱在等级上臣服于男性身份模型的途径，就是定义什么是女性性别，什么是女性的一般性身份。

女人们要想转换到上述一般性身份，还需要赋予代词**他（们）**和**她（们）**表述性别的价值，让代词**她**作为指代女性性别的代词获得积极的价值。

我们很容易发现，根据说话的主体是女人还是男人，主语人称代词**我**和**你**被以不同的方式使用。故而男性群体比女性群体掌握更多的话语权。而且男性群体更多地使用**我**，更多地把自身指定为所表述的话语、行动或状态的主体，女性群体则更少这样做。对两个群体各自说出的语句的分析显示，男性群体使用**我**，女性群体使用**你/他（她）者**，但是这些**我**和**你**处于唯一的论题之中，在那里不存在两个主体而只施行单一主体的不完整排布。

这样说并不是把主体性消减为对**我**的使用，它的意义还体现在说话主体的客观一般性的再现上，即主语人称代词**他**和**她**[1]的使用。不过，在文化史中——在哲学、神性甚至语言学中——人们经常谈及**我**和**你**，但很少涉及**他**和**她**。这导致我们不再十分清晰地知道具体情境中的**我**和**你**指的是谁，因为**我**和**你**一直都是有性别差异的**我**和**你**，而该维度的缺失让说话人和听话人的身份变得模糊。这样一来不再有确定的、能承载意义的**我**和**你**，也不再可能有**我们**。

为了迎接**我们**的到来，人们必须把**他**和**她**在交流中的功能纳入考量，**他**和**她**被遗忘于哲学史，被查禁

1　法语为 il 和 elle，分别指代阳性单数名词和阴性单数名词，它们既可以指代人也可以指代事物，il 兼具中文中“他”和一部分“它”的功能，elle 兼具中文中“她”和一部分“它”的功能。根据本书的主题，暂将 il 译为“他”，elle 译为“她”。——中译注

于神学，在语言学上也没有被准确定义，这对真实的合作伙伴蹒跚前行，一脚踏入文化，另一脚踏入自然。女性群体和男性群体并不拥有同样的发声机会，男人更多地使用**我**，而女人更多地使用**你**，不过，当女性群体和男性群体讲话时，**他**和**她**的使用呈现出更为显著的差别。

诚然，**他**和**她**使用情况的差异直接源于文化上的特别是语言学上的模型和准则，从性别差异的视角看，这种做法是未经反思的：a）人类的一般属性是且只是由主语人称代词的阳性单数形式**他**（**il**）指代的；b）有男有女的复数群体由代词的阳性复数形式**他们**（**ils**）指代，这意味着当涉及有男有女的群体时，女人都要为**他**（**们**）背书，这其中也包括只有两个人的情况，尤其是在爱情中，谈到恋人们时，人们需得说：他们相爱，他们很好，他们进行了长途旅行等等，而且在涉及代际时，人们会说：他们生了一个漂亮的孩子，他们决定今年要孩子等等；由此，女人同自身的关系，女人们之间的关系，尤其是母亲和女儿之间的关系在所有出现性别混合的情况中都被抹杀了；c）阳性的增益建立在阴性的缺损之上，这意味着主语人称代词的阳性单数形式**他**（**il**）总是凌驾于主语人称代词的阴性单数形式**她**（**elle**）之上，这还意味着阳性名词以及隶属于阳性的人或事物比指代阴性的人或事物的名词具有更高的价值，老板的女秘书和国务卿，[12]这组词便是一例。

如何从思辨层面解释这一现象？

语言及其价值反映了社会组织，反之亦然。

他自**她**中出生，日常语言通过作为对该情况的某种颠覆发挥作用。语言充当了把**她**（**们**）囊括入**他**（**们**）的技术手段或是针对母体的强大孕育力量建立的颠覆性等级制度的技术手段。父亲—逻各斯在面对母亲—自然时摆出诞育和包含的架势。但是在做出该姿态时——它与小汉斯和他的线圈所玩的

1 关于该问题参见《我，你，我们》一书。(《我，你，我们》是露西·伊利格瑞于2014年在格拉塞出版社出版的著作。——中译注）

2 在法语里“老板的女秘书”（la secrétaire du patron）和“国务卿”（le secrétaire d'Etat）中都包含secrétaire一词，该词在第一个短语中是阴性名词，在第二个短语中是阳性名词。——中译注

fort-da 游戏[1] 类似[2]——，男人并未真的去思考他与生育的关系，他实际上是被生出的；他否认这一事实，并且去肯定话语的，他的话语的无上权力，这取消了生理和社会意义上两性之间的区别并且表现为对超验性的创设，超验性对应的是单一性别准则，是一位制定法则的父神等等。作为适合男性身份的父神，他不能等同于绝对的超验性，他包含着与女性身份构建相关的消减。

如果说男性属性的超验性因其对生育现实的取消而构成问题，这种所谓父权文化的确立则拒绝赋予女性属性以超验性。所有属于女性性别的事物的价值都更低，这背后的逻辑是这些事物缺乏可能的超验性维度。基督教中的母子崇拜并不是对女性超验性尊重的征象，除非我们以另外的方式重新解读它。

基于上述论调，两性之间的精神关系被剥夺了存

---

1 fort-da 游戏指幼童把自己藏起来故意不让父母找到的行为。——中译注

2 参见《性别与亲属关系》中“信仰本身”和“精神分析中的姿态”两章。(《性别与亲属关系》是露西·伊利格瑞于 1987 年在午夜出版社出版的著作。——中译注)

在的可能性。

不过，**他**和**她**指代的是有性别差异的两种主体的客观性。如果在语言学上不赋予两者同等价值的地位那就意味着：

——这两者不像**我**和**你**这样具有同等价值。

——两个代词、两个性别的意义被剥夺，因为它们是通过对方定义自身的。

——有性别差异的主体的辩证法不被允许存在：这样一来，能够使用**我**但又不用**她**的阴性主语依然停留在一种不具有主观性—客观性辩证法的主观主义之中。另外，两性之间**我—你**类型的关系需要通过针对每个性别的主观性—客观性的辩证法来实现。

若要在**我**和**你**的关系中坚持实现**我**的意向性，就必须为**他**和**她**这两个代词赋值，哪怕这样做会显得病态。

为了构建主动且自由的时间性，我—女人需要被赋予价值的**她**作为**她**和**她**之间，**我—她**和**她自身**之间的意向性的一极。

被遗忘于惯用法和信息交换之间的她

他（们）和**她（们）**被以极不平等的方式使用着，这些代词的价值也不相同。我在《多语言视角下的生理性别与社会性别》一书中就已经开始讨论这个问题。

在那本书中我已经分析了一些题目的答案，以下是这些不同的惯用法的若干新示例，它们来自由另外一些题目构成的语言学调查的结果。我在后文列出了接受调查的主要人群。

被优先使用的主语：

他（们）

受访者被要求回答“使用以下词语造句”这类问题，有很多不同的题目，当他们选择做主语的代词时，相对于**她（们）**，人们更优先使用**他（们）**。题目一般以口头形式给出，受访者需要以书写的形式作答。

1. 使用“狗”一词造句

受访者在为其回答选择主语时，**他**和**她**的占比如下（回答中几乎没有出现**他们**和**她们**）：

——在女性群体的回答中：

75% 的回答以**他**为主语；15% 的回答以**她**为主语

——在男性群体的回答中：

85% 的回答以**他**为主语；14% 的回答以**她**为主语

因此，即使是女性群体也更多地使用**他**而不是**她**作为主语。

句子的类型也随着主语是**他**还是**她**以及作答者是女性还是男性而变化。那些以**他**为主语的句子体现出更多的刻板印象，而以**她**为主语的句子则更多地与句子的背景关联并且表达出更多的性质或模态

（modalité）。例如以**他**为主语的回答是：他遛狗。而以**她**为主语的回答则是：她每天遛狗。

还有一点值得注意，如果做调查的人不说明“狗”一词应当作为主语和谓语之外的成分出现于句中，那么这个词就经常会被当作句子的主语，这不利于**她**的使用。

2. 使用“孩子”一词造句

在女性受访者的回答中，虽然相对于上一个题目来说**她**的使用率有所提升，但依然有很多人以**他**为主语。

受访者对动词的使用随着主语是**他**还是**她**而变化：他（与孩子）玩，他爱（孩子）；她喂养（孩子），她养育（孩子），她摇动（孩子），以及（以极低频率出现的）她爱（孩子）。

在男性受访者的回答中：

79.5% 的回答使用**他**做主语，

28.5% 的回答使用**她**做主语，

他们使用的谓语具有的价值中立性也不如女性受访者答案中出现的谓语：她丢失了（孩子），她不承认（孩子），她把她的孩子赶走了，还有例如除非她给他 /

她奶瓶这样的句子；他热爱（孩子），他喜爱（孩子），他对他的孩子有先见之明。

被避免使用的主语：
她（们）

当题目诱导受访者以**她**为主语甚至提示使用**她＋自反代词se**这样的词时（像是在“使用‘**裙子／袍子—自反代词se—看见**[1]’造句”一题中那样），在受访者的回答中：

a. 无论男性还是女性受访者都避免使用**她**作为施动主体。

——**她**经常被用作受动的客体，即使当**她**是句子的主语时也是如此，受访者写道（特别是当说话人是男性时）：她被看到穿着裙子／穿着裙子的她很显眼。但不大会写：她想象她自己穿着裙子。

——物品**裙子**成为主语：那条／这条裙子看上去很不错。

1　se voir在法语中兼有“被看到”和“想象自己如何”两种含义。——中译注

b. 避免使用**她 + 自反代词 se**

——除非当受访人的回答暗指幻想以及使用条件式的情况，否则“她想象她自己穿着裙子。”这样的回答是很少见的，在女性受访者的回答中尤为如此。

——受访者，尤其是女性受访者在强调裙子被看到的方式时，更多地依据其质感而非女性对自身的审视。

即使在回答“使用‘裙子—自反代词 se—看见’造句”这样的题目时，受访者们也不避免使用**他 + 自反代词 se**，我们看到过以下回答：他已经想象自己穿上律师袍[1]了，他想象不到自己穿袍子 / 裙子的样子等等。

c. 避免使用**她们 + 自反代词 se**

在收到的五百份答卷中，只有几份使用了**她们 + 自反代词 se**，例如：她们想象自己穿着新裙子。但是这样的回答是当调查者用**她**或**她 + 自反代词**这样的题目要求诱导得出的。

1　此处给出的词语是 robe，该词在法语中既指裙子也指袍子。——中译注

对受访人优先使用他（们），他（们）+ 自反代词 se 并且避免使用她（们），她（们）+ 自反代词 se 的验证。

我们将在下一章中再次讨论以下这些题目的答案示例中的一部分，我在《多语言视角下的生理性别与社会性别》一书中已经分析了某些示例：

题目：裤子—自反代词 se—看见

答案示例：他想象（他）自己穿上他父亲的裤子。

从很远就能看到（她的）裤子。

题目：帽子—自反代词 se—看见

答案示例：他觉得自己戴帽子很帅。

（她的）帽子很明显。

自反代词 se

在受访人（包括女性受访人）给出的答案中，**他 + 自反代词 se** 的使用频率非常高，达到了 75% 到 83%。

受访人避免使用**她 + 自反代词 se**，很多受访人通过使用这 / 那、这些 / 那些、我们 / 人们（自反代词 se）以及动词不定式（认出彼此）做到这一点。

烦恼—间接宾语人称单词 lui—诉说

间接宾语人称单词 lui 在法语中具有一定的模糊性[1]，但非常值得注意的是，受访人使用 **lui** 时一般指的是**他**而非**她**。

我—间接宾语人称单词 lui

当受访者为女性时，在 75% 的情况中，**间接宾语人称单词 lui** 指代的是**他**。

当受访者为男性时，在多于 85% 的情况中，**间接宾语人称单词 lui** 对应的是**他**。

她—间接宾语人称单词 lui

当受访者为女性时，在 80.5% 的情况中，**间接宾语人称单词 lui** 指代的是**他**。

当受访者为男性时，在多于 85% 的情况中，**间接宾语人称单词 lui** 应被解读为**他**。

---

1 在法语中，间接宾语人称代词 lui 既可以指代间接宾语他也可以指代间接宾语她，lui 同时也是重读人称代词他 / 它。——中译注

他（她）爱自己 / 他们（她）们相爱

在回答“使用‘**他爱自己 / 他们相爱**[1]’造句”一题时，女性和男性受访者给了以下这类回答：

两个人相爱，

一个女人和一个男人相爱，

恋人们相爱。

不过女性受访者更强调主语，男性受访者更强调谓语（参见下一章中受访者对“使用‘**他对自己说话 / 他们对话**’造句”一题的回答）。

受访者在回答“使用‘**她爱自己 / 她们相爱**’造句”一题时给出的答案体现出较大的差异性：

——大约 50% 的句子类似于：她（们）播种小麦，或者她（们）掀起轩然大波[2]（受访者更倾向于使用单数人称）；

——如果回答指向两个女人之间的关系，那么这种关系经常带有负面含义（男性受访者的回答尤为如

1　在法语中这两句话的发音相同。——中译注

2　这两句法语中都出现了动词 semer（播种，散布）第三人称单数的变位形式 sème，sème 和 s’aime（相爱）的发音相同，因为题目是以口头形式给出的，所以有一部分受访者将 s’aime 误解为 sème。——中译注

此）：这两个同性恋她们相爱，这两个下流女人她们相爱等等。

——很少一部分女性受访者的回答指向如母女关系之类的家庭关系；

——在某些女性受访者的回答中，有相当多的回答多少具有明示性：她们互相欣赏，甚至是：她欣赏她自己。

优先使用**他（们）**而避免使用**她（们）**的现象让人震惊，更让人震惊的是女性群体也会采用这种做法。事实上，从女性性别的视角看，小女孩的境况得天独厚：她是**她**，出生自**她**，她的第一段主体间关系发生于**她和她之间**，母亲与女儿之间。

但是在那段时间，小女孩是**我**$_{\text{她}}$[1]而母亲是**你**$_{\text{她}}$。任何一方，无论是女儿—她，母亲—她或是大写的她（Elle），都还未生成客观的表象，用阴性进行指代的可能性被局限在家庭内部男女混合的情境中。

女性受访者在语言学调查中给出的现实或想象中

---

1 “我$_{\text{她}}$”意为被用于指代女性（即“她”）的主语人称代词“我”，下同。——中译注

的小女孩对其母亲说的语句示例显示出，小女孩一方寻求对话，希望和要求共同行动或在一起。这些信息证明小女孩尊重两个对话、行动、在场的人。无论是在话语层面还是在产出话语的过程层面，二重性都得到了保证，疑问形式的语句更能保证二重性，它让母亲也有机会说话：

妈妈，你想跟我玩吗？

妈妈，我能给你梳头吗？

母亲一方对两个人的重视则不那么明显。命令式取代了疑问句，两人的关系显现出等级化而不再具有平等对话的性质：

放学回家的时候带回牛奶来。

看电视前先把你的东西收拾好。

由此，小女孩的妈妈已经拒绝承认作为**我**$_{\text{她}}$的小女孩，拒绝承认她作为在场的、行动的、特别是讲话的对谈者。母亲面对小男孩或提到小男孩时的说话方式，与面对小女孩或提到小女孩时的说话方式并不相同。如果比较女性群体用“孩子”一词造的句子和用“女孩”一词造的句子就会发现，她们在第一种情况中表现出更多的对他人的尊重。

而且，小女孩将进一步被社会和文化作为**她**和**她**

们否认或抹杀，社会和文化强加给她一个**他、大写的他、他们**的世界，这在家庭生活中已经发生了，而一旦当她到了上学的年龄，情况将更为凸显。在我们的传统中没有人会教给她珍视那个**她、大写的她**和**她们**的价值。

小女孩相对于她母亲的立场特别是她话语的立场可以表示为以下图示：

（我$_{\text{她}}$）我$_{\text{她}}$→你$_{\text{她}}$?（你$_{\text{她}}$）

母亲相对于小女孩的立场特别是其话语的立场可以表示为：

（我$_{\text{她}}$）我$_{\text{她}}$→你$_{\text{她}}$（你$_{\text{她}}$）

作为话语产生过程的实际对话者的小女孩被抹杀，用命令式进行的抹杀便是一例。由此，表示小女儿立场的图示变为：

（我$_{\text{她}}$）我$_{\text{她}}$→你$_{\text{她}}$（你$_{\text{她}}$）

一旦离开家庭范围（有时甚至比这更早……），一旦进入我们今天依然处于的父权制世界，那个对着母亲说话的**你**$_{\text{她}}$或**大写的你**$_{\text{她}}$将被转化为**你**$_{\text{他}}$特别是**大写的你**$_{\text{他}}$，男性群体维护着话语和文化秩序的专制表象。

对话、在场和行动的交流对象身上——尤其是在通向**你**的多重可能性的那一刻——发生了社会性别和本质的改变，这将消减女孩的女性身份。她对话的立场可以表示为以下图示：

（我$_{\text{她}}$？）我$_{\text{她}}$？→你$_{\text{他}}$（大写的你$_{\text{他}}$）

她对话的立场将变为：

我$_{\text{我们}}$→你$_{\text{他}}$或大写的你$_{\text{他}}$

我$_{\text{我们}}$→他

我$_{\text{我们}}$→大写的他

我$_{\text{我们}}$→他们

尽管一些男性主体没有担负起或没有意识到他们的社会性别，但维护话语和文化秩序的只有他们以及一个去个体性、非人格化的女性主体。对于小女孩来说，共同地对话、存在或行动是话语中和与他人关系中应被优先满足的行为，但她的交流主体的立场却被排斥。女人不停地寻找这种主体间关系的状态。只有母亲的职能可以重新把她带入**我**$_{\text{她}}$和**你**$_{\text{她}}$的立场。但这个**我**$_{\text{她}}$已不再是与其社会性别对话的主体。作为母亲的女人自己被驱使并屈服于文化的世界，她对女儿发号施令，让女儿像她一样屈服。

在某种意义上，两个人之间的关系与女性性别具有共同的本质，而这种关系成了需要被收复的运作。

同男人一样，女人也要重新找回言语交换和交流的价值，但她这样做是出于其他动机。男人需要超越的是获取的特权、所有权，他需要超越的至多是物的交换，女人则需要摆脱两个人之间的等级制、服从以及被融合吞并的风险，在主语人称代词 **on**[1] 的非人格化中，身份的丧失也是由她承受的。然而，人和之间的言语交换独立于一切事物，它依然是女人追求的目标，即便为此她要在一个**他（们）**和**大写的他**的世界中，跨过自身异化的障碍和她对另一个性别的并不总与男人相同的象征性审美的障碍。这种不同是由于男人没有升华其有性别差异的本性？抑或是基于他们使用女人却不与之进行言语交换的习惯？

的确，几个世纪以来对于男人和社会来说，女人的使用价值在于她是处女、恋人、母亲而非可以进行言语交换的对象。这样的传统不会在几年之间、经由简单的决定就被推翻。但是对法律和语言的关注，特别是从法律和语言的一般性表象的维度来对此加以关

1 on 是法语中的主语人称代词，可以用于泛指或确指，用于确指时可代替我们、你们、他、她、他们、她们等，泛指时一般意为人们、某人。——中译注

注，能够使这种历史上存在的男女之间的角色分配发生演变，并且由此改变**她（们）**作为**她（们）**的价值，以及在与**他（们）**的关系中**她（们）**的价值[1]。

1　参见《这种生理性别不是唯一的生理性别》(1977 年于午夜出版社出版）中“贩卖女人的市场”和“她们之中的商品”两章。

明天我们两人一起出去？

明天我们两人一起出去？
我想知道去的地方和场合。
和你一起去，什么时候？
还需要知道做什么，如何做。
也许一起？
一起的话什么都有可能，但是其他人……
我会给你打电话谈谈的。
谈谈？跟她！
回头见。
也许我本可以思考其他事。

上述根据从本章中提取的指示性的言语交换（？）概括了女性群体和男性群体处理与对方关系以及相互交谈的惯常方式。至少在会导致误解的语言因素方面，两性之间的误解体现得非常清晰。

当男性群体和女性群体被要求写出包括**我（主语）……你（非主语），我（主语）……他/她（非主语），她（主语或重读人称代词）……他/她（非主语）**的句子时，他们造出的句子并不相同。

男性群体和女性群体以不同的方式使用介词**à**、**entre**、**avec**[1]和副词**一起（ensemble）**、**也许（peut-être）**。

男性群体和女性群体在看待具有时间性的关系时有不同的想法。

当他们被要求给出与**他自言自语/他们互相说**[2]同义的句子以及用代词**他……她**造句时，两个群体在语言的使用和对自己及他人性别的再现上，表现出相对明显的差异。

1 这三个都是法语中的常用介词，因其用法、意义较多所以在此保留了法语原文。——中译注

2 在法语中这两句话的发音是相同的，法语原文为 il(s) se parle(nt)。——中译注

本章中使用的示例来自不同的群体，其中占比最大的几个群体是：

——这三年间我在哲学国际公学院讲授研究生课程的助理们，

——来自巴黎郊区或外省的大学生们，他们的老师在上语言学课程时采访了他们（巴黎第十大学达尼埃尔·莱曼老师采访了她所教的人文科学与传播学专业本科二年级的学生以及 1990 年跟她上语言学课程的本科一年级的学生；勃艮第大学的克莱尔·丰代老师在 1989 年采访了现代文学专业本科二年级的学生），

——我自己口头采访的那些住在外省且有不同社会文化背景的人。

问题一般以口头形式提出，这是为了保持问题意义的模糊性，（除最后一个群体之外）受访人需要写出他们的回答。不过研究生课程的助理们的母语不都是法语，所以我在采访第一个群体时把问题写在了黑板上，并且标示出可能的选择，例如：**他自言自语 / 他们互相说**。

我们将分析女性群体给出的 250 份答卷（“使用

介词 **à**、**entre**、**avec** 以及副词**一起**、**也许**造句”这几题除外，我只向今年参加研究生课程的人提出过这几个问题，所以针对这几个题目只有 50 份答卷）。男性群体给出的答卷大概有一百来份（针对上述问题给出的答卷只有二十到三十份）。

本书中引用的示例一般都来自我在研究生课堂上得到的回答，因为我想向参与过调查的女生、男生评论他们自己的回答。来自其他人群的样本被作为对照组的回答使用。

女性群体针对第一个题目的回答体现出，与男性群体不同，她们寻求与另一个人交流，当这个人为男性时尤为如此。针对其他题目的回答以不同的方式体现出同样的趋势：女性群体有交流的意愿，但男性群体并不回应这一意愿，因为他们关心的是主体间言语交换之外的事。

所以，当被要求写出包含**我（主语）……你（非主语）**元素的句子时，女性群体最常使用的动词：

——要么是谈话、询问、保证、原谅、承诺、给予、提前通知、重复，这些动词表述的是间接交流的情境，即出现了两个人，他们之间存在明示或暗示的言语交换情境。例如“我原谅你”这句话，虽然被原谅的事没有被说出来，但它假设在两人（男人和另一个人，女人和另一个人）之间存在第三方。同样的情况还见于“我跟你说”或“我不跟你说”。

——要么是爱、鄙视、寻求、看、看见、拥入怀中、爱抚、等待，这些动词形成的关系也是发生在两个人之间，而非人和事物之间，而男性群体写出的句子一般都属于后一种情况。

此外还应值得注意的是，答案中表述的与一个男人的间接交流关系经常伴随着几乎难以逾越的困难：

我无法跟你说。	Je ne peux pas te parler.
我真的不想再重复这件事。	Je voudrais bien ne pas le répéter encore.
我倒想问你这件事呢。	Je voudrais bien te le demander.

这些句子多少都表达出的意思是：我永远爱你但我无法跟你交谈。

无论如何，在众多回答中，交流中出现的另一方都是男性。当受访人明确指出**你（非主语的）**的性别时，三分之一的**你（非主语的）**指女性，三分之二的**你（非主语的）**指男性。不过，还有一些句子也通过某种方式指出**你（非主语的）**是男性。这种可能性更多的是基于规范，所以此处没有明确涉及。

不过，相对于使用**我（主语）……他/她（非主语），他（主语）……她（主语或重读人称代词），他自言自语/他们互相说**构成一句话等题目，在针对**我（主语）……你（非主语）**这个题目的回答中，**你（非主语）**更多地体现为女性对象。当与之交流的另一方是女性时，双方的关系经常更为直接，女性恋人之间的关系便是一例。属于女性的文化的缺失导致了当人们思考女性间关系时，相较于带有文化中介的社会关系，人们更倾向于将之置于爱的直接性之中。虽然仍旧有一些句子表述了两个女人之间的间接关系，但是其数量非常少。而且这些句子在某种程度上经常是反常的。例如，“我把她给你”，“我预先通知你”这两句话体现了两个女人之间的不及物性质的交流，但这两句话是不完整的，第二句话可能和以下回答一样是一种惯用表达，（在问答以下问题：“这句话是对谁说的?”时对露西·伊利格瑞说)“我向你保证，我很慢”。其他的句子是：“我爱抚你”，“我拥你入怀”。

所以那些表达与一个男人的关系的语句更借助于不及物性，但是交流行为显示出的往往是一种失败的尝试。

在男性受访者的回答中，**你（非主语的）**指一个女人，某个不具名的人，大写的她者（l’Autre）：

我跟你说过要下雪了。（对象可以是任何人）	Je te l’avais bien dit qu’il allait neiger. (à n’importe qui)
我看到你了！（此处的你指一个女孩的母亲）	Je te vois! (le te représente la mère d’une fille)
我可以不经你允许就去做这件事吗？（对象是大写的另一个人）	Pourrais-je le faire sans ta permission?（à l’Autre）

当女性群体回答“写出一个包含**我（主语）**……**他/她（非主语）**元素的简单句”这个题目时，在她们写出的句子中，90.5%的**他/她（非主语）**指代的是

他。只有一位受访者用**他 / 她（非主语）**指代**她**，这位受访者研究的是语言和话语的性别化并且很注意自己的语言使用。有两位受访者答案中的**他 / 她（非主语）**意义不明，但是根据语境可以推断出代词指代的是**他**。

在这些语句中，动词往往带有交流的含义：诉说、询问、交谈、打电话、承诺、解释。虽然不总可能进行交流、实现交流、完成交流，但是受访者所寻求的是建立这种关系。因此，很多受访者在句中使用否定结构、条件式、情态动词，例如想要（但不能够）等等。另一些女性受访者在回答“使用**我（主语）**……**你（非主语）**构成句子”这样的题目时，表述的关系如下：

我想念他（她）。	Je pense à lui.
我照顾他。	Je prends soin de lui.
我送他（她）一件小礼物。	Je lui donne un petit cadeau.

男性助理群体的人数较少，所以我们将他们的答案和其他男性受访者群体的答案样本放在一起考察，在这些答案中，60% 的**他 / 她（非主语的）**指的是**他**

［经常是**我（主语）**的男性“朋友”或“同伴”］。在40%的答案中，**他/她（非主语的）**指的是**她**但句子表述的是一种间接关系，其中我（男性）依然是首要主体或主导者，例如：我送给她了很多书，但她总是把书还给我。**我**和**他/她**之间的关系是通过陈述的陈述、叙事、插入语、引文表达的。答案没有表达任何直接的交流关系，即使在男人之间也没有。

在女性受访者基于人称代词**她（主语或重读人称代词）**和**他/她（非主语）**想象出的句子中，几乎总有对两人间关系的表述［在85%的情况中，人称代词**他/她（非主语）**指代男性，语境往往涉及一对夫妻］，这一关系的表述：

——要么通过明示且现时的交流关系模式进行：告诉某人、朝某人喊、对某人讲、对某人说等等；

——要么通过更为隐蔽的关系模式进行：思念某人、信任某人、为某人付出时间、要求某人倾听等等；

——要么以寻求交流的动作的形式体现：对某人笑、为某人指路、出手帮助某人等等。

因此，大部分被表述的关系都是严格意义上的符号关系：有两个人，他们/她们之间存在某种关系。符号没有被确定为物品，它就处于交流行为本身之中。尊重“有两个人，他们/她们之间发生了言语交换”这一事实是符号性的。物品并非必不可少。

在这些句子中，对物品的指代十分少见，有时这种指代意味着明示或暗示的模仿态度：

她也把钥匙交还给他（她）。	Elle aussi lui rend ses clés.
她欠他（她）很多钱。	Elle lui doit beaucoup d'argent.
她给他（她）一份礼物。	Elle lui fait un cadeau.
她拔掉他（她）的头发和指甲。	Elle lui arrache les cheveux et les ongles.

句中表述的关系往往都是间接的：**介词 à**[1]**+ 他**（**非主语**）（占 80.5%）。当然这一点已经通过对**间接人称代词 lui** 的使用得以体现。虽然，间接关系其实也可以体现为其他形式，例如**和他一起**（**avec lui**）或**为了他**

1 介词 à 在法语中经常用于引导间接宾语，有朝、向、致等含义。——中译注

（**pour lui**）。选择**介词 à+ 他（非主语）**这样的间接关系弱化了交流的情境。虽然句子侧重的是**她（主语）**。

他（非主语）还以以下形态出现：

被用于强调（她那会儿在吃饭，而他没有。）占 9.50%

介词 en+ 他（非主语）占 3.25%

介词 de+ 他 / 她（非主语）占 3.25%

连词 et+ 他 / 她（非主语）占 3.25%

当然，交流行为似乎并不总是理所当然的：

她冲他（她）喊道：闭嘴。	Elle lui a crié: tais-toi.
她激动地追问他（她）为什么。	Elle s'acharne à lui dire pourquoi.
她告诉过他（她）要倾听。	Elle lui a dit d'écouter
她无法冲他（她）微笑。	Elle ne pouvait pas lui sourire.
她没有对他（她）说……	Elle ne lui a pas dit...

但主语在寻求交流。

受访者优先使用**介词 à**，它标志着交流关系中的不及物性或间接性，值得注意的是，当受访人回答

“使用**介词 à** 造句”一题时，27% 的女性受访者使用的是以下形式：介词 à+ 他，介词 à+ 你，介词 à+ 他人。

介词 à 的这种用法体现了（两个）人之间的交流，男性受访者的回答不包含这种用法。他们造句时主要在以下意义上使用**介词 à**：

我住在巴黎。（介词 à= 在）[1]	J'habite à Paris.
我们去了市里。（介词 à 表去向）	Nous sommes allés à la ville.
我有话要说。（介词 à+ 动词不定式，表示要做某事）	J'ai quelque chose à dire.
她必须努力去构建。（avoir+ 介词 à+ 动词不定式，表示必须、应该做某事）	Elle a à construire.
我碰巧得知。（介词 à+ 动词不定式）	Je viens à apprendre.

同样的，当被要求使用**介词 entre**[2] 造句时，65.5% 的

---

1 括号内的解释性内容为中译添加。——中译注

2 介词 entre 意为在……之间。——中译注

女性受访者所造的句子在两人或多人之间建立了关系：

我们之间充满着对彼此的好奇。	Il y a une atmosphère de grande curiosité entre nous.
他和她之间的差别可以忽略不计。	L'écart entre lui et elle était infime.
我们处于自己人之中。	Nous sommes entre amis.

58% 的男性受访者也在此意义上使用**介词 entre**，但是其中有一半以上的回答表述的关系具有负面属性：

你和我之间有如此冷漠的距离。	Entre toi et moi, une distance si froide.
我们之间出了问题。	Il y a des problèmes entre nous.

还有的句子表达的是差异的消除：

这两种荷兰人的叫法不存在意义的差别。	Il n'y a pas de différence entre un Néerlandais et un Hollandais.

之间就是之中。	Entre est dans.
进来吧不用敲门，这是咱们自己人之间的事。[1]	Entre sans frapper, c'est entre nous.

这与女性受访者给出的回答不同，在她们的答案中差异性总是表述为一种人与人之间的距离感，这种距离感大多被赋予积极意义。

另一个有趣的区别是，有时女性受访者谈到的是同一个人：在我和我之间；在男性受访者那里则不存在这种用法。他们使用另外一个表示“在……中间”的词组时也出现了相同的情况。

当回答“使用**介词 avec** 造句”一题时，50% 的女性受访者写出的句子关乎两个人之间的关系。其他人写的是表述状态、感受的短语[2]：痛苦地、愉悦地、开心地、关心地、孤单地等等，还有少数的受访者从“以某种方式”的意义上使用这个介词，例如用圆珠

1 介词 entre 与动词 entrer（进入）直陈式现在时第三人称单数的变位形式在词形上是相同的。——中译注

2 以下短语和词组中都包含介词 avec。——中译注

笔，随着时间的推移。

30.5% 的男性受访者在句中构建了两个人之间的关系，但是这种关系要么是经由某个概念或抽象行为的中介建立的（借助于），要么处于两人存在的对等性中，要么处于困惑之中（我在想，我应当和谁同行？），要么处于对关系的否定中。

男性受访者在回答中更多地从方式、手段的意义上使用**介词 avec**，这样做的人约占 31%。有几个句子表述了状态、感受。有两位受访者在“某人的陪伴”意义上或几乎工具性的惯用法意义上使用该介词，例如“随着风”。

“写出与**他自言自语 / 他们互相说**[1] 意义相同的句子”一题是以口头方式给出的，这保留了句子意义的模糊性，当回答该题时，女性受访者所造句子的主语是：

两个人，占 43%

他们（一般指两个人）+ 表示交流的动词，占 45.5%

他对着自己说话，占 2.2%

---

1 这两句话在法语中发音相同。——中译注

他们之间有，占 2.2%

无动词的名词，占 2.2%

女性受访者使用的动词表述的经常是交流行为：他们交换信息，他们对话，他们交流，两个人口头交流，两个人交谈，两个人讨论，他们 / 她们对话，两个人互相倾听。除了表达沟通的动词，这种关系还通过介词、副词、名词得以体现，例如，在他们 / 她们之间，相互地，交换信息，默契，和解，交谈，争论。

被认为具有一般属性的阳性如此深入人心，以至于**人们**（**personnes**）[1]一词也被由**他们**指代的，例如：人们在彼此之间交流，以及：他们在彼此（两个及两个以上的人）之间交流。

女性受访者所造的句子中不存在负面寓意。她们的确经常突出争论的行为，但这不正是对二重性而非否定的强调吗？句子的语境让我们能够给出这样解读。

男性受访者的回答表现出与此不同的特征。

1　该词为阴性名词。——中译注

——在某种程度上，言语行为被语境惯常化，例如，人们在街上交谈，人们在交谈。

——无论句子涉及的是某些人之间的关系、交流还是对话，有意义的提示均很少出现。

——很少有句子指出参与者有两人。

——类似“他对自己自言自语”这样的句子有很多，通常还伴随着例如疯子、离群索居的人、沉默的个体、一直自恋的人、同性恋之类的评价（25% 的回答样本属于此类）。

——在细节上：

很少有关于说话、自言自语或对话的人是**谁**的提示；

有一些关于说话**内容**的提示：他们在彼此间谈论着爱情，他们在彼此间谈论着某些事和其他人；

男性受访者最多提及的补充内容或细节是关于他们交谈的**方式**：用法语，像老朋友一样热情地，行事之前很少交流，行事之前交流很多，温和地、低声地等等，以及关于交谈的**地点**：在街上，于密闭处，隔着有孔的玻璃挡板等等；

一些句子的语境显示句子涉及的是两个男人或一

群男人；当明确提到性别时，性别显示为男；没有任何句子有同时涉及男性和女性的迹象，女性没有出现在任何一个回答中。

女性受访者当被要求“使用代词**他（主语）**和**她（主语或重读人称代词）**造句”[1]时，她们的回答明显地体现出女性和男性之间很少存在真实或符号关系，尽管女性努力寻求建立这些关系。

——**他（主语）**或**她（主语或重读人称代词）**均没有在复数意义上被使用[2]。

——在很多答案中**她（主语或重读人称代词）**和**他（主语）**分别处于两个分句中，这显然是题目要求诱导出的结果，题目要求呈现了句子中存在两个主语的可能性。但将两个代词纳入同一个句子的任务也不是没有可能实现的。例如：他今晚和她一起来；他自己走了，没有和她一起；他将和她结婚，他（们）谈

1 此处法语原文是使用代词 il 和 elle 造句，在法语中，代词 il 和 elle 既可以指代人也可以指代有生命或无生命的物。——中译注

2 在法语中他（主语）和他们（主语）的发音相同，她（主语）和她们（主语）也是如此。——中译注

论她等等。作为**她（主语或重读人称代词）**的女性不仅很难以主语的形式体现，更难以非主语的形式体现，因为这需要确认其女性身份或认定其对女性性别的隶属。如果女人、女性群体没有使用**我（主语）**的习惯，如果她们更少提到**她（们）**，那么她们就不会有把自身构建为“**他**的女性交流对象”的设想。受访者回答这个题目时给出的答案与她们回答“使用**烦恼—他（非主语）—说**造句，使用**我（主语）—他（非主语）**造句，使用**她（主语）—他（非主语）**造句”这类题目时给出的答案类似。

——在女性群体给出的回答中，**代词 il 和 elle** 均被用于指代人（而非物）。

——在女性受访者所造的句子中，**她（主语或重读人称代词）**和**他（主语）**往往指代爱侣甚至狭义的性伴侣，例如：她的丈夫、夫妻，以及男朋友、让（伴侣的名字）、（女性）朋友的（男性）朋友、（男性）前情人、丈夫、她的（男性）朋友，大卫（伴侣的名字）等等。回答中出现的其他人物则属于亲属世系范畴：女儿和她的祖父（外祖父）、她的儿子、女儿和她的父亲。

——句中人物出现的顺序是**她（主语或重读人称代词）—他（主语）**，这与题目中词语出现的顺序一致。

——值得注意的是受访者设想的**她（主语或重读人称代词）**和**他（主语）**之间的关系类型：

人物动作符合对位规则，是罗列的，几乎处于对立状态的：

她说，他唱。	Elle parle, il chante.
那时，她在微笑，他在说话。	Elle souriait, il parlait.
她在看日落，而他却皱着眉头。	Elle a regardé le coucher de soleil pendant qu'il fronçait le sourcil.
他吃饭，她看着。	Il mange, elle regarde.

有一些谓语很明确地体现出冲突的意味：

她想要她（它），但他不想。	Elle la veut, lui non.
她热衷于出去玩，而他则不大喜欢。	Elle adore de sortir tandis que lui n'aime pas trop.
她不喜欢他留在家里。	Elle n'aime pas qu'il reste dans la maison.

她不想他来。	Elle ne veut pas qu'il vienne.
她在他要离开她之前就走了。	Elle est partie avant qu'il la quitte.
这个女人很了不起，而他则令人鄙视。	Cette femme est formidable tandis que lui est méprisable.
她状态不大好，他却什么都没发觉。	Elle ne va pas bien, il ne voit rien.

还有一些句子体现出误解、对被误解的害怕以及落空的信任：

她不大清楚他是否病了，但他其实真的病了。	Elle ne sait pas trop s'il est malade, mais il l'est.
曾经，她以为他那时是真诚的。	Elle croyait qu'il avait été sincère.
她害怕他不回应。	Elle a peur qu'il ne réponde pas.

有一些回答描述了出现在家庭内部的正面的关

系，这样的情况很少：

她对他说过他很聪明（对她的儿子说）。	Elle lui a dit qu'il était intelligent(à son fils).
她希望他能到（她指女儿，他指父亲）。	Elle veut qu'il arrive (fille et père).

一些句子涉及偶遇，但没有具体给出偶遇的含义：

她和他相遇在咖啡馆（玛丽和让）。	Elle et il se rencontrent au café (Marie et Jean).
他想念她（Y 和 X）。	Il pense à elle (Y et X).

因此，回答中没有出现同时、共同、和……一起完成的行动，甚至也没有协同完成的行动。在回答中经常出现的是或明示或暗示的关系的负面属性。唯一正面的关系类型是家庭关系，正面性单方面地来自面对儿子或父亲的**她**。当**他**和**她**的行动之间存在从属关系时，这种迫不得已伴随着怀疑、恐惧、被迫做出的容忍并且带有让人不舒服的意味。

很多女性受访者给出的回答中含有与某位男性的正面关系，这与刚才这些回答之间存在着一定矛盾。导致这种情况的原因多种多样，其中最主要的原因是人称代词**她（主语）**的使用以及在**他（主语）**与**她（主语）**之间构建真正的主体间关系的困难度。受访者对其他题目的回答，尤其是对“使用**她（主语或重读人称代词）—自反代词 se—看见**造句”和“使用**烦恼—他（非主语）—说**造句”两题[1]的回答也体现了这一特征。不过，当受访者回答“使用**我（主语）—你（非主语）**造句”和“使用**我（主语）—他/她（非主语）**造句”两题时，受访者更有可能构建**她（主语或重读人称代词）**与**他（非主语）**的关系。女性表述自身时使用的确实是**我**而非**她**。

男性受访者的回答（这部分素材在数量上比来自女性受访者的素材要少一些）体现出的倾向与之前基于女性受访者的回答分析得出的倾向相当类似：在他们的回答中没有人使用任何复数人称，**他（主语）**和

---

1 关于这一点参见《多语言视角下的生理性别和社会性别》一书（格拉塞出版社于1990年出版）。

她（主语或重读人称代词）分别处于两个分句中，**他（主语）**和**她（主语或重读人称代词）**的行动和言语中存在换质位法（contraposition）甚至对立。

不过，来自两个群体的回答依然有以下几点区别：

——男性受访者的回答更加强调事物或目的：

她爱他所做的一切。	Elle aime tout ce qu'il fait.
她喜欢红葡萄酒，而他更喜欢白葡萄酒。	Elle aime le vin rouge tradis qu'il préfère le blanc.
他看到了，但她还没看到。	Il le voit mais elle ne le voit pas encore.

——在有些回答中男性的优越性得到明确地肯定，肯定的方式包括假设女性的意愿或选择：

她爱他所做的一切。	Elle aime tout ce qu'il fait.
他看到了，但她还没看到。	Il le voit mais elle ne le voit pas encore.

——有时，回答明确体现出男人对女人的漠视：

她询问他，他不屑一顾！	Elle lui demande, il s'en fout!
他感觉不错，她在哭泣。（也许意味着某种困惑？——作者注）	Il se sent bien, elle pleure. (signifie peut-être la perplexité?, L.I.)

——有具有情色意味的回答显现出**他（主语）**之于**她（主语或重读人称代词）**的权威：

他要与她做爱。	Il veut faire l'amour avec elle.

——有一些句子（尤其是参与了这项课题研究的人所造的句子）显示出存在另一种交流模式的可能：

他问她的看法。	Il lui demande ce qu'elle en pense.
她与他相爱。	Elle et il s'aiment.

女性群体一方所希望的交流关系与实际现实的差异还体现在对“使用**一起**[1]造句”这一题目的回答中。

1　法语为 ensemble，该词既是一个副词，意为一起；也是一个名词，意为全部、整体。——中译注出人意料的是，男性群体在回答这一题时比女性群体更频繁地使用主语人称代词（在较小的样本中就占到87.5%）。但是“一起”一词的含义是不确定甚至是伴随着限制的：

一起努力，一切都是可能的。	Ensemble, tout est possible.
对，好吧，我们在一起了。	Oui, d’accord nous sommes ensemble.
我们将一起度过一段时间。	Nous allons passer quelque temps ensemble.
我们不一起去。	On n’y va pas ensemble.

同样令人意外的是，25%的回答以**她们**为主语：

她们一起来到了教室。	Elles arrivèrent ensemble au cours.
她们应该会一起去。	Elles devraient y aller ensemble.

当然，女性受访者也大量使用主语人称代词。60%的句子属于此类，但是其中三分之一的回答显露

出困难、怀疑、带有贬义的细微差异或负面的转变，这在女性语言中通常很少出现。还有三分之一的语句似乎将在一起的可能性推迟到将来，有时这类句子使用的是命令式，例如：我们一起去看你祖母（外祖母）吧。我们还惊讶地发现，四分之一的女性在回答时使用的是 ensemble 一词的名词意义，即那个整体、全部以及一类整体，这样一来就可以避免涉及人们在一起的状态。尽管女性群体一般希望和人、与人一起，但情况似乎也不总是如此，她们有时会采取某些策略来规避一起相处的难题。和通常的情况一样，女性群体的回答大多与具体的在一起的情境相关而且往往涉及两个人。男性群体在回答中描述的在一起的情境更加泛泛，更体现出集体性和不确定性。我感觉对他们来说，这种在一起的情况往往意味着个性的丧失。如果说女人、女性群体在被混同于**他们**时或者在被用一般性的**他**指代时失去了女性的身份，那么男性群体在有些不确定的社会性统摄的集体性中，似乎放弃了他们的个性，形成了**某种泛指的他们（on）**，或是在不涉及人与人关系的前提下以一加一加一……的形式拼凑成聚合的状态。

过去时态的使用更常见于男性受访者的回答，至少当他们用法语回答时是这样。他们的语句经常介于现在和过去之间，几乎是向过去回溯的。他们的确定性和立足点通常处于过去。征引过去时态的做法可能体现了诉诸关于真理、概念、现实的既成定义的努力。

女性受访者所造的句子更多地与**现在**或面向**将来的语境**关联。这种对将来时的使用经常显示出交流的意愿。它还表示出对空间运动的侧重和对未来天气的暗示。相较于男性群体的语句，这种宇宙元素更常见于女性群体的语句，即使在像是“语言使用调查”这样的人为创设的情境中也是如此。

在设计“用副词**也许**造句”一题时，我的本意是想看一下女性和男性会如何使用这个模态，尤其是它与时间性相关的内容。

64% 的女性受访者用**也许**来塑造将来的状态，25% 的男性受访者也是这样做的。也就是说女性群体用副词来刻画将来的可能性；男性群体更倾向于用其表达与事物本质以及（相对于自身的）他人意愿相关的不确定性，或者是关于自己完成之事的疑虑：

也许那噪声是种音乐。	Peut-être ce bruit-là est-il une musique.
也许她爱他。/ 也许她喜欢这样。	Elle l'aime peut-être.
也许我本可以思考其他事。	Peut-être aurais-je pu penser autre chose.

在女性受访者提供的分析素材中是不存在这类回答的。她们的回答一般多是：

也许我会去我朋友家看她。	Peut-être irai-je voir mon amie chez elle.
这个家也许会迎来一个孩子。	Peut-être viendra-t-il un enfant dans cette maison.
也许要下雨了。	Peut-être va-t-il pleuvoir.
也许有一天我可以这样做……	Peut-être qu'un jour je pourrai faire comme si...
她也许会和我一起来。	Elle viendra peut-être avec moi.

在最后这个回答中**她**是主语，该回答来自一位女

性受访者，她着意使用这种用法因为她曾作为国际团队的一员参与过一项关于德语的研究，这项研究的主题是“性别差异与（各类）交流”。

基于上述对受访者回答的分析，我们可以将他们的倾向总结如下：

——女性受访者寻求的是交流，尤其是对话交流，但是她们总以他为对话对象，而他感兴趣的不是主体间交流而是其他事物，同时，相对于现在和将来，男性受访者更多地朝向过去；

——男性受访者关注的是他们所拥有的具体事物（我的车、我的手表、我的烟斗等等）以及某类抽象事物，这类抽象事物要么专属于男人，要么得到了既存的男性群体的认可，男性受访群体还很关心他们的心理状态以及那些与他们的世系和家庭相关的问题；他们很少寻求对话，他们固守于虽然难以界定但却具有男性性别标示的集体性之中。

我已寻找，未曾寻获

正如我之前通过众多示例指出的那样，人与人之间的关系以及交流的意愿和实践更多属于女性群体。但是这类人与人之间的关系却被剥夺了体现性别差异的身份，被剥夺了**我**她以及同属一个性别的一位或多位女性交流对象。我们的语言学调查以多种语言进行，在收到的相关回答中很少有反映女性之间关系的语句[1]。一个女人要想避免造出排斥女性间关系的句子，那么她几乎必须既是女性解放运动的实践者，又意识到了她所处的文化异化，还能注意到自身对语言的依

1 参见《多语言视角下的生理性别与社会性别》。

赖。需要重申的是，那些表述女性间关系或者陈述主体与一位或多位女性的关系的语句所占比率极低，在全部回答中仅占到百分之几。

因此，女性群体在说话时既没有意识到她们的**我**$_{她}$，也没有与**某个你**$_{她}$进行直接或间接的交流，这两类交流的图示如下：**我**$_{她}$跟**你**$_{她}$说话（直接交流），**我**$_{她}$谈论**她**（间接交流）。所以，当女性的**我**得以存续时，这个**我**只存在于以**你**$_{他}$、**他**或**大写的他**、**他们**为对象的关系中。

在这种由文化和语言所创制的境况中，对话，特别是女儿和母亲之间的对话变得十分困难甚至于不可能。但是，女性一方依然继续保有交流的意愿。语言调查得出的结果就是证明。在女性群体的回答中出镜的是两个人；女性受访者将其置于交流情境之中；她们使用了很多衍生自对话和交流的动词、介词、副词，虽然这些对话和交流不总能实现，但她们几乎都在寻求对话和交流的可能。从这一点看，女性群体可以说是交流的守护者，尽管这种交流可能部分地陷入瘫痪或者在当下没有真实存在的交流对象。女性群体不只以母亲的身份还以言说主体的身份充当着爱的守护者，这一主体所传递的首要信息就是交流。

当她们失去了自己的**我**$_{她}$和**你**$_{她}$时，她们交流的意愿或意向几乎全部转向**他（们）**。如此，意向性便被人为地固定了朝向：朝向**他（们）**，而没有返回**自身**$_{她}$，亦没有寄居于**自身**$_{她们}$之间。**他（们）**成为虚假的超验性，而**她**指向这种超验性并在其中失去了自身的主观性，从而也失去了进行真正交流的可能性。

人与人之间的交流、言语交换以及主体间性是女性身份最少被异化的场所，不过基于上述原因，它们运作的女性身份的内化和两性之间的互动受到阻碍。女人或女性群体如果没有返回自身这个环节就不再能实现真正的对话。她们把男性群体（尤其是父亲和儿子）放在心上，置身于他们的家庭图景之中，寄希望于将来，恒久地做出交流的努力，这种努力主要以问题的形式体现，该问题有可能通过给她们自己的答复成为存在的希望。由此，她们以不同的形式提问道：你爱我吗？这个问题的真正含义是，对你来说我是谁？或者我是谁？或者是如何返回自身？

大多数时候男人并不回应。而求爱并不真的是一种回应，因为当男人求爱时女人是身体欲望的对象而不是精神、能量欲望的对象，男人因循着他与他母亲的关系模式去追求女人，那是他对她的第一次超越。根据弗洛伊德的理论，力比多只具有男性或中性属性。然而，还有一种特定的女性能量，它更多地关乎交流和增益而不只限于生育。肉欲行为的弗洛伊德式的表现相当常见，它对应着能量的牺牲，尤其是女性能量的牺牲。男性一方付出能量以便返回到城邦、文化、科学领域的严肃事务中去，这些活动都要求男性通过返回力比多张力的零强度状态而在情感和性欲方面得到净化。女性一方付出能量从而消解其自身的存在以及她提出的问题。能量的培育所依据的不是两种模态，两种实在性或真理，两种（合理性以及节奏意义上的）尺度，两种时间性，两种基调、两种音色，两种色调等等。黑格尔写道，她被牺牲于这场磨难之中，朝着所谓中性的真理升华，黑格尔口中的这种真理是永恒的，不带有知觉或感觉性质；它与我们此时此地的有生命力的身体格格不入。

在西方传统中，大多数时候生命的能量被献祭给精神，献祭给真理，这种精神和真理被同化于一些不变的理念，它们既无增益也无身体性，这些天上的典范被作为模型强加给我们，使我们都相差无几，都丧失了感性、自然、历史层面的差异性。

在此意义上，那种让所有人，所有男人和女人都平等的诉求恰好是忠实于我们世俗的形而上学理想的，这种理想旨在通过消减区别和差异走向普遍性、整体性、绝对和本质。这种诉求企图中和掉有生命力的人们的特定的能量，使之成为哑剧中的牵线木偶，而提线的则是世俗或宗教性质的主人、利益、科技等等[1]。

在上述理想性生成——生成依据的并非正面意义上的自身命运，而是抽象模型——的另一端，自然依旧继续着它那体现着强大繁衍力的生殖使命：女人诞育孩子。这种行为也普遍地被理想化，但是它不是作为女人精神能量的培育，而是作为对城邦所需自然行为的颂扬被加以理想化的。一方面，能量被用于把男人，把男性公民转化为既成观念的奴隶，另一方面，能量还被用来崇敬生育，但生育本身只是一种自然行为。因此，我们的传统在一种无法解决的矛盾中延续着，那就是剥离了对增益和感性属性的关切的抽象理想与对原始状态下的生命的崇敬之间的矛盾。在这一

1 柏拉图的洞喻就是他在他那个时代对上述理想的再创作（参见《窥镜：论他者女人》）。

矛盾之中，能量的孕育受到阻碍、摧毁。人类始终摇摆于对某些自然现象的思考和科技能量制造的奇迹或灾难之间，而无法理顺其自身的人类能量。

在此背景下，战争依然作为某种能量的奢享或波特拉齐[1]让人着迷。无论是活生生的人产生的能量还是主要来自科技的被制造出的能量，都在被牺牲、被扼杀、被摧毁。如果能避免这种过度的消耗，那么情况可能会多少暂时步入正轨，但实际上什么都没有得到解决。人类之间的能量并没有更好地运行，恰恰相反。战争导致仇恨、愤怨、哀伤和焦虑，人们需要几十年甚至几个世纪才能将之排解。而“为什么”的问题始终存在，针对这个问题人们似乎不可能给出正确答案。

［要想理顺和培育人类之间的能量，就必须借助语言。但我们需要的不只是用于指代、命名、述说事物的实在性或真相、传递信息的语言，我们更需要让交流成为可能并且维续交流的语言。这不仅与词法

1　波特拉齐（Potlatch），又译为赠礼宴、夸富宴，指通过宴会赠送礼物、酬谢盟友、分配财富及头衔、确定社会地位的社会制度，主要曾存在于北美洲西北部地区。——中译注

相关，更与契合主体间性的句法相关。同时，这样做也是在探究我们进行对话的原因，探究言语的最终目的。]

从言语交换的视角看，我们之前已经了解到，女性群体寻求交流，尤其寻求对话。这种诉求来自文化、语言，也有部分出于欲望，她们寻求的交流对象主要是**他（们）**，但是她们却并未得到回应。事实上，男性群体的目的论意味着放弃直接交流即主体间性的交流和对话交流，以便去完成某项（往往让他们自我异化的）使命，这其中最重要的是探求一条精神道路，符合其自我的超验性统摄着这条道路。

黑格尔在辩证法的生成中明确指出了这条道路：个体为了精神性生成而远离自然直接性和感性直接性，在这种生成中，带有相互性的交流从来都不是精神性的核心问题。精神性的展开经由自在的向前投射进行，自在通过思考成为自为。精神离自然愈来愈远，在此运动中它被假定接收了整个自在并使之精神化。

由此，男人与其他男人在政治、工作、宗教等领域的交流只能通过中介进行。但是这类中介已**为他们所有**。男性群体交流的场所是按照他们的身份模型、他们的法律所构建的城邦。但是他们的文化强调的不是人与人之间的关系，而是财产和抽象的理想价值。男性构成的群体一般都是一加一加一……的组合，同时，地理、历史、语言、财产或资本、意见或信仰、强加或选举出的领导人或代表等因素界定着整体，在建构整体的过程中，个体化被消解。

构成上述组合的是个人，但他们已不再是像在家庭中那样公开地关联于自己的一般性身份的个人了。此外，除非是通过语言、法律、宗教这样业已体系化的中介，否则他们也不会互相交流，这类关系并没有给真正在说话的主体留下多大空间。

［男性之间几乎不进行任何对话。他们讲述日常生活中的小事，展开辩论但并不交流。他们传递信息并加以评论。在男人的城邦中，以下事实体现了交流缺乏的迹象或症状：我们没有意识到男人和女人说话的方式不同，也没有意识到是什么构成了他们/她们话语的差异性。有人说男性说话更客观，女性说话更感性，这样的论断指出的事实过于粗陋而且是部分错误的。］

另一方面，女性之间似乎交流得更多，男性群体似乎更多地用语言指代现实或生产及确立他们的真理，而不是用它在彼此之间进行（直接或间接的）交流。

［既然女人和男人怀有如此不同的意图，那如何才能让他们彼此相会（se rencontrer）？我认为被黑格尔冠以承认（reconnaissance）之名的运作是让女人重新面对男人，让男人重新与女人共处的一种方式。承认这种行为也许能使我们摆脱性别之间的等级性支配，返还给女人和男人、女性群体和男性群体他们各自的尊严和身份，在他们之间建立不只是自然性还兼具文化性和精神性的关系，这类关系建立的基础是间接性或不及物性。由此，不再是“我爱你”，而是“我爱向你”。］

永远不会属于我的你

如何勾勒出承认这一运作的路径？

我承认你，所以你不是整体，否则你将过于巨大，而我则会被你的宏大所淹没。你不是整体，我也不是整体。

我承认你，所以我无法围绕你运转，我做不到将你包围，也不能让你融入我。用胡塞尔的术语来说，你不是能变为此方（hic）的彼方（illic）。我无法彻底地等同于你，遑论将我自己与你同化。

我承认你意味着我既不能靠思想也不能靠肉体来认识你。否定的强大力量存在于我们之间。我承认你还表示，你对我来说是不可消减的，我之于你也是如此。我们不能替代彼此。在某种意义上，你作为存在物和存在（在我看来，这一点的前提是对生命的忠诚而非对死亡的臣服）对我来说都是超验的，是无法触及的。一直存在于我们之间的超验性既不是抽象的也不是建构的，更不是为了构筑其本原或衡量其生成而制造的同一，它是具体而观念的实在性做出的抵抗：无论在身体层面还是思想层面，我都永远不会是你。

对你的承认意味或暗示着尊重作为他（她）者的你。我愿意在你面前止步，就如同在不可逾越的障碍，在神奇的奥秘，在永不属于我的自由、主体性和某种我之所属（un mien）面前止步一样。

我对你的承认是**我、你、我们**得以存在的必要及一般性条件。不过，此处的**我们**永远都不会是充盈的或仅是积极的，也永远都不会是一个中性词，一个集体性的**我们（on）**[1]。此处的**我们**由否定，由我们之间的不可替代性和超验性锻造而成。**我们**是由彼此之间，两个群体之间不可消减的主体构成的，因此这些

1 泛指代词 on 有我们、人们、有人、大家等多种含义。——中译注

主体能够在自由和必然性中交流。由此，精神的进步可被理解为我们之间交流的生成，其形式是个体性或集体性对话。“**之间**”一词传递出本能的或相似性的吸引力。

我承认你意味着你与我不同，我不能等同于你、与你同化，也不能掌控你的生成。我永远都不会是你的主人。正是这种否定让我可以走向你。

我承认你的前提是，我无法彻底看透你。对我来说，你将永远都不是完全可见的，正是得益于这一点，我才把你作为不同于我的人来尊重。如果你保有好你自己，如果你的能量让我可以与你一起保有和提升我的能量，那么我看不到的那部分你会促使我走向你。我走向你，如同走向我看不到但又吸引我的人，这是一条生成之路、进步之路。进步并非意味着远离肉体，远离我的身体、我的历史。我所走向的，是让我能在保持自己的同时得以生成的人。

因此，超验性不再是绽出，不再是超脱于自身并走向感觉之外、大地之外的不可触及的完全的他（她）者。超验性是对我永远都不能成为的他（她）者的尊重，他（她）者超越我，我也超越他（她）者。它既不是单纯的自然也不是它之外的共同精神，它经由身体差异、文化差异存在，这种差异性持续供养着我们的能量和它的运动、繁育和创造。如此一来，这种能量就不再会被疏解、升华、遏止进而被引向对**我（主语）—我（非主语）、你、我们**的超越。它是运动和转变，它限制着自我的支配，限制着来自**你**的权力的支配或是群体以及群体业已确立的价值观的支配。它依然在我身上，是绽入（enstase）而非绽出，但是却拥有遭遇他（她）者的可能性，这种遭遇主要通过语言来实现，而且无需牺牲感性。

我可以像走向超验性一样走向带有性别差异的他（她）者，与此同时我依然是自己，我不用以灵魂或精神的形式将超越性反置入自身。这位男性或女性他（她）者是我永远无法企及的，正因为如此，**他/她**以维持我们差异性的方式迫使我依旧是我自身，从而忠于**他/她和我们**。

我承认你意味着我承认你是你所是，承认你的存在、你的生成。基于这种承认我为你，也为我自己打上不完满以及否定的标记。无论你还是我都不是整体，不是同一，而同一是整体化的原则。我们之间的差异不能被消减为**某种**等级制，**某种**世系，**某种**历史。它不能以多或少的标准衡量。否则它就会被消解。

通过承认这项运作，我们可以克服黑格尔设想的主人—奴隶的辩证法。但是，黑格尔思想体系中的承认只能经由通向绝对精神的路径来实现，但绝对精神事实上是被确定为无视男女性别的，因此它不具有具体的普遍性。我们为了避免主人（们）—奴隶（们）的关系，必须践行不带有等级制和世系印记的另外一种承认。声称孩子是父母的死亡，意味着把精神遗留在某种自然主义，这意味着认同人类历史包含某种或多种牺牲。如果存在一种重视交流、主体间性和性别差异的精神化文化，而孩子带有这种文化属性，那么在未来，父母除了自身作为恋人的生成之外，还将处于一个更加幸福的社会。尤为重要的是，一个人凌驾于另一个人的权力将不复存在。差异的不可消减性不断地阻止着一切权力和简单粗暴地凌驾于一切之上的权威（une autorité simple sur）的资本化。

唯有承认具有性别差异的他（她）者才能赋予我们上述可能性。在女人和男人，男人和女人之间，实现承认需要否定工作的介入。如果人们尊重他（她）

者是其所是，尊重他（她）者的存在，那他们就不可能进行掌控、替换之类的运作。

带有性别差异的身份还可以化解另一种风险，阿多诺[1]以及其他一些黑格尔的批判者已经指出过这一点。带有性别差异的身份排斥一切形式的整体性以及主体［和存在物（existentiaux）］的完满属性。主体的**我之所属**总是已被某种无法占有之物所标记，这种无法占有之物就是性别。一个人作为男人或女人存在就已经意味着这个人不是主体的全部、群体的全部、精神的全部，不过这也意味着这个人不完全是自身。那个鼎鼎大名的**我**是一种他（她）者，其因由有时被归结为无意识，我们对**我**可以有不同的理解。**我**从来都不只是简单的**我之所属**（mien），因为我属于某个性别。所以，我不是整体：我是男人或女人。我不是单一的主体，我隶属于某个性别。我在客观上受到这种归属的局限。

我认为，承认性别差异重要性所面临的阻力来自这种承认包含的处于自身和为了自身的否定。我隶属

1　参见阿多尔诺的《本真性的黑话》(艾丽安·艾斯古巴译，Payot 出版社出版）一书中“政治批判”一章。

于某个性别，这指向普遍的性别差异以及两种普遍性之间的关系。

在心理分析的理论和实践中，对某个性别的隶属可以部分地作为成年人身份构建过程中的第三方。这样一来，法律和父权的迫令就变得无足轻重了。我需要尊重我所隶属的性别，这已足够。存在于一般性身份中的同一和他（她）者的互动让我可以（在身份构建过程中）摆脱对世系归属、童年经历和乱伦情结[1]的依赖。由此，我由二重性诞育，一位女性怀孕并生下了我，她养育了我，但是我是男人或女人，而作为男人或女人，我应当是我所是而不是停滞于童年的际遇和普遍意义上的以及专属于我的童年依赖之中。

我们可以从隶属于我的性别的义务出发解读弗洛伊德的俄狄浦斯情结。我们无需如他所说的那样在乱伦禁忌和精神病之间二选一。我们只要成为自己的性别就能够走出与母亲的无差别关系——更何况这种关系形式可能只是来自男性的寓言[2]。

不过，归属于自己的性别还包括回到自身的方

1 指心理现象中的俄狄浦斯情结等。——中译注

2 参见《我、你、我们》中“关于母系秩序”一章。

式。它不能被归入纯粹知识、纯粹理解的领域。我们无法通过古典哲学中的真理或多个版本的真理来认识和担负起对某个性别的归属。能够让人归属于某个性别的真理在某种程度上是被动的，它忠实于我的是之所是，是自然对我的给予，我应当将其作为人类身份的二分之一，作为二重而非单一来认可、遵守和培育。因此，我的存在从来都不是整体而是一种（从中）分离出来的，对应着某个性别的存在。所以无论在童年还是在爱情中，我的存在都不能是可合并的。更何况这种存在世系纵向和水平层面都向另一个性别敞开。

从这个角度看，“自然直接性”将不复存在。我是有性别差异的存在或存在者，我被归入某个性别、某个一般性身份，我不一定处于我的感觉直接性之中或由其塑造。因此，一个在男性主导的文化中出生的女孩不一定具有符合我性别的感性。在她身上，女性的生理结构无疑是存在的，但是她的身份还有待构建。当然，这并不是让她通过否定自己的生理结构来构建身份。这涉及一种对文化的诉求以及对专属其性别的——即女性性别的——精神性、主观性、相异性的需求和缔造。西蒙娜·德·波伏娃说过：女人不是天生的，而是后天（通过文化）形成的；我们则认为：

我天生是女人，但是我依然需要形成那个我依据本性而是的女人。

对有性别差异的身份的承认是精神文化的一个维度，当关涉“绝对精神”时，它使这种总体化的单一性变得不可能。的确，每个性别都应定义并保持其独有的中介，而且，有必要确定那些能够使两性间的交流和交换得以进行的中介。但是，不再会有终极的合题，不再会有最终的“否定之否定”。男人不可消减为女人，女人也不可消减为男人，**绝对**精神将不复存在，“成为终极的人”（être un final）也不复存在。男人和女人之间的关系以及男性群体和女性群体之间的关系的生发于没有基础的基础之上。这种关系没有最终的解决或者上升（assomption），它始终处于往来于他和她、他们和她们之间的生成状态，没有最后的终结或期限。

为了让这类以交流的生成为目的的往来获得动力，我们需要实施一种意向性。有必要赋予**他**和**她**，**我**$_{他}$—**我**$_{她}$以及**你**$_{他}$—**你**$_{她}$以价值，这些要素的关系会构成能量上行而非下行之所。

因此，女人和男人应当作为人类的代表或化身得到承认。他们的价值应得到承认的原因包括：他们那有性别差异的**我**的生成，他们之间的关系，这些关系的精神辩证法的构建。

由此，男人和女人之间的意向性便不能变为生育的义务，更不能变为衰败的因由。它的动力应来自女人和男人、女性群体和男性群体所实现的个体、集体的精神生成的欲望。

为了这种生成的实现，女性群体和男性群体有必要找到彼此关联的模式，相互交流的模式，在女性一方，这类模式要能避免与他（她）者之间因缺乏中介而构成的障碍，在男性一方，这类模式要能避免以损害主体间性和对他（她）者的承认为代价的工具造成的障碍，如技巧、物、金钱、语言。所以，界定两性之间的间接性的关系尤为重要，在这种关系中我们能够跨越人与人之间的合并或内化造成的障碍以及用工具取代主体间关系的障碍。在“我爱向你”这种表述中，我们尝试通过介词“à”[1]打破每个性别自带的妨碍两性之间交流的惰性，并以此来支撑这种二重意向。

---

1 “我爱你”用法语一般表述为“Je t’aime”，其中“t’”是直接宾语代词“你”，而在“J’aime à toi”（我爱向你）这种表述中，作者加入了用于引导间接宾语的介词“à”，“你”成了间接宾语。后文中介词“à”翻译为“于”“向”或“对”。——中译注

我爱向你

我爱向你意味着我与你保持间接关系。我既不屈服于你也不消耗你。我尊重（不可消减的）你。我致敬你：我向你致敬。我赞美你：我向你抒发赞美。我感谢你：我因为……向你表示感谢。我因由或为了……祝福你。我跟你说话，不仅以某事为主题，更以你为谈话对象。我和你诉说，不是说这样或那样的事，而是向你去诉说。

介词“à”是间接性的保证。介词“à”制止了不包含他（她）者的不可消减性和可能的相互性的及物性关系。介词“à”保持着人们之间的不及物性，即人与人之间的质询、言语或赠与：我跟你谈话，我询问于你，我送给你（而不是我把你交给他人）。

介词“à”是非直接性的标志，是我们之间的中介的标志。因此，它的意义并不在于“我命令你或指挥你去做某事”，因为这有可能意味着或等同于“我命令你服从于某事”，“我使你屈从于某些真理、某种秩序”，这些真理和秩序可能对应着一项工作，但也有可能对应着人或神的享乐。介词“à”也不是要表述“我将你引向我”，当“你”变成了“向我”时，“我爱向你”就成了“我爱向我”。它更不意味着我让你成为我的妻子或丈夫意义上的“我娶（嫁）你”，即“我获取你”，“我让你成为我的”。介词“à”的真正意义是，“我希望在现在和将来都专注于你”，“我请求你留在你身边”，“我忠实于你”。

介词“à”提供了不把人消减为客体的场所。“我爱你”“我渴望你”“我获取你”“我吸引你”“我命令你”“我教育你”等等的表述总带有消解他（她）者相异性的风险，有把他（她）转化为我的财产、我的对象的风险，有把他（她）消减为我、消减入我的风险，即让他（她）已然属于我的存在性或物质性领域的一部分。

介词“à”同时也是一道在我的主观性、我的世界、我的言语等领域中抵御他（她）者自由的异化的屏障。

因此，**我爱向你**意味着我不会通过以你为中心的方式，把你作为直接对象或间接对象加以获取。我更应当以我自己为中心，从而借助返回我来保持**向你**。我爱向你的方式不是把你作为我的战利品，你不会变成我的，而是通过尊重我的本性、我的历史、我的意向性的意愿，同时我也尊重你的本性、你的历史、你的意向性。因此，我不按照以下模式返回自身：我思忖我是否被爱。这更符合一种内向的意向性，这种意向性朝向他（她）者的目的是通过文化层面的多少有些食人性质的行为，回到哀伤地、无休止地对唯我论探求的反复思考上去。

介词“à”保证了两种意向性：我的意向性和你的意向性。我所爱的是你身上的能够与我的意向性和你的意向性相对应的部分。

我“对你”的爱指向你身上的某种行为，某种表达，某个身体的、感性的特征，这些有可能不是你有意识地想要我去爱的，这不受你意向的控制。你没太意识到那种来源于**你**，与我的意向兼容但又超出你意向掌控的东西，而能否在此基础上建立起**我们**也将取决于我们。假设我们依然可以把这种“向你”和意向区分开来，那么这种“向你”与其说是意向，不如说是你的属性，我们是否能在这种“向你”之上构建一种时间性？

关乎这样的**我们**的问题属于相会问题，它的发生依据的是某种意义上适当的机会［某种契机（kairos）？］，抑或是，该问题一方面是偶然性问题，我们不知晓其必然性，但同时它也是且尤其是关于构建时间性的问题：共同地、与某人一起、在某些人之间构建时间性。“如何在我们之间构建时间性？”“如何可持续地使两种意向性，两个主体相结合？”这样的问题经常被宗教或法律上的承诺以及繁衍的义务所替代。

让你成为我的财产、我的所有物，让你成为**我的**并不能够缔结我们之间的联盟。上述行为意味着为了某个主体性而牺牲另一个主体性。在这种情况下，介词“à”不是存在性属性，而是一个表示主有关系的词，它成了所有权的标志。难道人是一个将本能转化为律法的占有者？如果是这样的话，那么表示所属的介词“à”便不再是双向的。你属于我，这种归属通常不具有相互性。占有者本来就很难为他人所有，更何况你是我的，你失去了拥有相互性的自由。占有者和被占有者分别承担起主动和被动的角色，爱人的人和被爱的人就是如此。由此，情爱关系中不再存在两个主体。

我使用介词“à”就是试图阻止人们再次陷入把主体消减为客体，消减为专属财产的窠臼。

但是，一个主体如何能持续性地与另一个主体相联或被联接于另一个主体？如何能不让这种关联的存续屈从于——无论是强制性或是推选出的——父神或君王的判决，民事权威的仲裁，以及世系性质的权力或知识？如何使恋人之间的关系免于遭受家庭带来的异化？

在宗教或法律承诺构建的“你永远属于我，我永远属于你”的幻象中，可能存在一种被投射于神性或律法的悬而未决的自然性。

在我看来，即使介词“à”并不意味着牺牲你的自然存续，**我爱向你**也不能被时间化为我爱向你的自然存续。不过，我之所爱是否能化为对某种本性的服从？

在我们的文化中，这样的命运不仅依然笼罩在女人的存在条件和定性之上，它同时也统摄着男人的存在条件和定性，因为男人不光必须成为被抑制本性的公民，还要作为人类的尤其是女性的“头领”以及神的“形象”[1]存在。所有这一切都是与性别文化的缺失伴生的。

然而，无论一种本质具有动物属性、人性或神性，我又是否能够喜欢屈从于这种本质？此处是否缺乏来自他（她）者的多少是自由的运动，这种运动构建出两者，并且使他们共同的时间性成为可能。如果我专注于你的意向性，专注于你对自身的忠诚，对你意向性的生成以及你自身生成的忠诚，那么我便可以去设想我们之间的关系能否存续，我们的意向性能否契合。

这类意向性不能消减为**单一**。用圣-埃克苏佩里[2]的话说，只是一起眺望同一方向是不够的，或者说，采取不消除而是融合差异性的方法是不够的。忠于各自身份的男人和女人不具有相同的意向性，他们分属不同的性别，在世系中的位置也不尽相同。但是他们

---

1 此处可能暗指“上帝按照自己的形象创造了人类”的说法。——中译注

2 安东尼·德·圣-埃克苏佩里（1900—1944），作家、飞行员，著有《小王子》《夜航》等。——中译注

能够根据兼容其意向性的约定来做出承诺，即一起建设性别文化或构建差异性政治。

这类联盟能够为每个男人或女人提供支持，帮助他们实现自己的意向性。

由此：你不知晓我，但你了解我的某些显像。同时，你也能感知到我意向性的方向和维度。你无法知道我是谁，但你能协助我存在，你协助我的方式是感知那些来自我的我无法把握的东西，那些忠实于或不忠实于我自身的东西。你还能帮我从惯性思维、套话、反复乃至谬误、差错中解脱出来。你能助力我在保持自我的同时生成发展。

因此，经由契约缔结的婚姻不会将我拖拽出一个家庭并绑定于另一个家庭，不会让我像门徒一样臣服于某位主子，不会剥夺我的处女之身，不会用对［那个得到大写他（她）者或国家背书的］他（她）者的屈从来阻断我的生成，更不会将我的本质拘于繁衍。经由契约缔结的婚姻更像是我存在过程中的新阶段。这个阶段让我能够用我特有身份让我的性别完满，这种身份关联于我的历史以及人类历史的某个时代。

的确，广泛的普遍性不是超历史的。我们希望它能够逐渐实现自身。在世界范围内它也确实是如此延展的。现今，性别差异性文化可以拓展至各个人群，各种传统。这种拓展最好能伴有质性的进步，伴有对动物性的逐渐摒弃，以及对凌驾于性别属性之上的繁衍或淫秽的渐次剥离。

为了实现这一进步，语言的介入是必须的。正如我之前指出的那样，此处涉及的不只是用于传递信息的语言，还有用于交流的语言。我们尤其缺乏一种利于交流的句法。实际上，交流行为就是建立联系，这属于句法问题。

所以，现在的问题是：如何与你对话？以及，如何倾听你的声音？

在近乎绝对的沉默之中

让我们从“如何倾听你的声音?”开始。

此处的倾听不再指根据已被社会和语言制度化的内容而去听取某个消息。当然，听懂消息依然是有用的。如果你告诉我你到达的时间或打电话的时间，我理解这类消息后就能准时赴会。当你告诉我见面的地点时，我需要理解你的话才能赴约。而假设你想要的是水果而我却拿给你一本书，那么你将感到我没有理解你的意思。

但是若想构建两个主体之间的联盟，书写两个主体之间的历史，这种程度的交流是不够的。

这样的交流也无法表述主观情感。因为我能够劝慰你的痛苦，但这不一定是你意向的结果，它也不一定会有助于我的生成。你或我的欢欣、痛苦也有可能是一种迹象，一种为了构建我们的生成而做出的标示，但是这样的情况极为罕见。如果一方或另一方屈从于一方或另一方的悲悯（pathos），人们就有在别处而不是在关系中构建精神性的风险。联结一方与另一方的感受通常是单向而非相互的，而思想之地则将被其他的实在性或真理占据。因此在人类的诸种文明中，思想和情感经常是分离的，思想由逻辑构建，其目的是发现超脱于世俗琐事之外的真理，相较于自然，这些琐事更多的与情感相关。在这种情况下，婚姻变成了爱情故事，家庭制度和繁衍使这个爱情故事要么受制于对上帝的忠诚要么为国家所驱使。

所以，**“我倾听你的声音”**并不是期待来自你的信息或从你处听到某个信息，也不是简单的情感表达（这是精神分析的目标，它有时会过于天真）。**“我倾听你的声音”**意味着倾听你那特别是相对我的话语来说独特且不可消减的话语，你的话语是新的，是尚不为我所知晓的。我把你的话语作为意向的显现和人类精神性生成的显现来倾听。

在人或神的、自然或精神的世系内部关系中，最年长者被认为应当知道最年幼者是什么样的存在以及应该生成为什么。他被认为应当知晓最年幼者。他只在既存的科学或真理的领域倾听后者的声音。我们要想进入性别差异的维度，进入超验性的水平维度就必须承认：我不知晓你，由此诞生了孤独感以及对他（她）者神秘性的尊重。“我理解你”“我了解你”往往表达的是“我无法接受孤独感”。在虚假的实在性或真理中，我自我异化、将你异化为虚假的实在性或真理。我把你消减为我的存在、我的经验、我已知的东西，如此，我便可摆脱孤独感。

这套语言体系常见于成年人，它就是像这样通过成年人自身自主性的缺失来妨害孩子的生成自由。

我倾听你的声音，倾听一位超越我的他（她）者的声音，而这需要我踏上通向新维度的道路。我倾听你的声音：我感知你说的话，我专注于它，我试图通过它了解你的意向。这并不意味着我因为理解你、了解你而不需要倾听你的声音甚至能去规定你的生成。不，我倾听你的声音时尚不了解你，尚不了解你的声音，这是源自我为此事件预留的自由度和充裕的时间。我倾听你的声音：我乐于看到突发事件的出现，生成的出现，增益的出现，有时是诞生的出现。“我倾听你的声音”之中混合着尚未制度化的东西以及沉默，它是存在之地、创意之地，是自由的意向性之地和支持你生成之地。

“我倾听你的声音”不是基于我知晓、感受的东西以及我既成的是之所是，也不是根据业已形成的世界和语言，这样的方式在某种意义上其实是流于表面的。“我倾听你的声音”更像是揭示尚未显现的真理，那是你的真理以及通过你、经由你显露的世界的真理。我给予你沉默，在这种沉默中你的将来——也许还有我的将来，但那是我**与**你的将来而不是**像**你**一样**的将来或**没有**你的将来——能够得以显现和确立。

这样的沉默并不会怀有敌意或施加限制。它是任何事、任何人都不占据也不关注的自由时间（disponibilité）。没有任何语言、任何世界、任何神明会去占据它、关注它。

这种沉默是在没有仪式也没有预先确立的真理的情况下就被先验地给予你的时空。构成这种沉默的是一种开放性，它面向你，面向现在及今后永远都不属于我的他（她）者。**我**或**你**都不是整体，我们两者都是有限的存在，都带有否定的印记，我们不尽相同但没有等级上的差异，得益于此上述这种沉默才是可能的。这种沉默是**我爱向你**的第一个行动。如果没有它，**我爱向你**中的“向”（即介词“à”）就无法具有我希望它具有的意义。

如果尊重我和他（她）者的局限是可能的，那么这种沉默就是其前提条件。它还意味着既存的世界——包括其哲学或宗教的存在形式——不应被看作是已完成的、已显现的或是已被揭示的。要想让我在没有预设，没有强加在你或我身上的暗中运作的情况下保持缄默并且去倾听，倾听你的声音，世界就不能是封闭性的，它必须依旧是敞开的，未来不能受过去的支配。若要让我能真正地倾听你的声音，上述所有条件都是不可或缺的。除此之外，我还不能把语言当作不可变之物。否则语言自身便会去支配、号令、羁绊自由。

语言当然是重要的。这种第三方或实在性一直存在于我们之间。在两性的直接关系中消减语言的企图是一种天真的强制行为。不过，只宣称男人对女人说话的方式不同于女人对男人说话的方式，却不为此去探究语言本身的做法是存在问题的[1]。语言存在于我们之间，但相较于我们之间的差异性，语言更容易被改变。很多人也许更倾向于持有相反的观点，他们这样做的原因或是出于思辨的或宗教的唯心论，或是出于对社会既定规则的迎合，或是出于对已具有律法效力的过去的服从，还可能是受到父亲及祖先的语言体系的支配，他们认为服从或相信该体系是恰当合理的。

“倾听你的声音”意味着我至少有那么一刻需要能够悬置所有这些义务。没有任何东西、任何人强迫我做任何事，我的身体、惯性、疲惫所发出的声音也无法强迫我。

因此，“倾听你的声音”要求我让自己拥有自由的时间，要求我当下仍旧并且今后一直具有保持沉默的能力。这种行为在某种程度上使我解放我自己。但更重要的是，它给了你一处寂静的场所，在那里你得以显现。它使你拥有了尚未被他人发现的时空，你可以在那里现身，它可以在那里发声。它为你提供了存

1　示例可参见《多语言视角下的生理性别与社会性别》中“有性别差异的话语以及跨性别差异的话语”一章里提到的某些有一定意义但尚待细化的评论。

在的可能，以及在无需呐喊，甚至无需提出要求、无需超越、无需消解、无需毁灭的情况下就能表达你的意愿、你的意向性的可能。

我可以列举出语言学家、哲学以及心理分析设想的交流所必需的其他操作。这些操作从不会真的去思考一个人**与**另一个人在平静中的相伴以及在尊重差异性的前提下**与**人相处的恳切。这些操作停留在——或多或少完成或完满的——单一主体的层次，同一性的层次，它们遵守世系和等级制的秩序。而在这类体系中**你**与**我**是同一的，**你**是更完美、更年长的**我**，抑或**我**是更完美、更年长的**你**。**你**依然通向极限或超越极限：你正如以布伯[1]为代表的哲学家笔下的神圣、大写的**你**，作为圣父的大写的**你**。绽出的你在根本上与我同一，这样的你是我的高级同类，是天上降下的我的余韵，是我被造就的超验性，我就像与某种精神胎盘（placenta spirituel）对话那样与这种超验性对话，同时我还期待着长成更伟大、更完美的存在，期待着超越差异性而诞生。

1　马丁·布伯（Martin Buber，1876—1965），奥地利神学家、哲学家。——中译注这样的**你**在其神秘中带走了他（她）者的不可消减性，性别为男性或女性的他（她）者在水平层面超越了我。自身经由这样的你的迂回而与**他**或**她**相关，这已经是以处于意识判断之外的绽出模型的名义让差异性服从于同一性、相似性，因此意识判断对上述缺乏道德的行为置之不理。我与所有其他的大写的你对话，那是另一个我，这样的“你”不能替代具有性别差异的他（她）者的神秘，我也不能使性别差异屈从于大写的他。

另外，我们可能更应该让自身与大写的**他**或**她**相关，大写的**他**或**她**是我性别以及他（她）者性别的生成的理想再现。但是我们身上的确总有属于孩童的一面，作为来自父母的襄助的**你**对我们来说是必要的。所以**你**一词不能只指向**作为父亲的你**（**tu-père**），若如此就剥夺了我作为孩子拥有的最关键、最温暖的孩童时期的襄助，即**作为母亲的你**（**tu-mère**）。

经历过这一段与作为孩子的我一起度过的亲密时光后，我试着不去把我的世系庇护或权威强加给孩子，由此我应能转向他处。

你永远都不是我也永远不会属于我。那么，你又是谁？

话语中触动人的气息

要想倾听他（她）者的声音，为他（她）者腾挪出沉默的时间，还需要尊重他（她）者的气息（souffle）。能代替孩子呼吸的只有母亲。我们一旦降生就应当也本就理应自己为自己呼吸。

要想做到这一点，我们必须重新思考呼吸和其他行为之间的关系，这其中也包括言语行为。至少在我们的传统中，至少对于我们中的大多数人来说，人们呼吸和说话时使用气息的方式几乎是相反的。相较于培育气息，我们的语言、我们的语言体系、我们的对话和话语交换实际上绝大多数时候惯于让气息陷入停滞。我们的信息、我们的真理往往都让人透不过气，让自己和他人窒息。我们被赋予的典范以类似药物的方式发挥作用，它们给予我们的是自身之外的绽出。我们呼吸的次数越少，就越接近于那些我们必须相信的东西。死亡被认为是真相来临的担保。此外，只要曾进过大部分公共场所，尤其是宗教崇拜场所就能发现，人们很少考虑到通风的问题。然而，（圣）灵体是由气息构成的。因此，除了少数几个人之外，人们说出的话语与真实情况中人们的实践相悖或不相干。话语不是在承载气息，而是代替气息，取代气息，它总是提前占据沉默之所，使之负累。那些不关心呼吸的人，呼吸困难的人，缺乏空气的人往往无法停止说话，因此他们没有倾听的能力。说话是他们呼吸的方式，更准确地说，说话是他们呼气以便得以喘息的方式。就这样，这些人让其他人的吸气、灵感、启发[1]陷于停滞，而其他人中也包括那些在身体、精神层面关注其气息的人。

因此，思索以下情况是非常重要的：如果建立在话语之上的用语、精神性或宗教不去强调使之成为可

1 即狭义上、转义上和引申义上的 inspiration，该词具有吸气、灵感、启发等多种含义。——中译注

能的沉默和气息，它们就有可能引发对自我、他（她）者、他人生命的蔑视。在缺乏对这种生命贡献的承认和再生的环境中，或是通过对这种生命贡献的承认和再生的缺失，人们使用气息、身体来定义或宣读多少具有决定性的话语，从而建构社会—逻辑的崇拜或象征秩序，上述行为是具有破坏性的。由于气息的固化和停滞，以此方式构成的文化实践很快具有了专制性。这些文化实践遗忘了来自生物世界的馈赠——尤其是遗忘了来自植物以及人的，尤其是女性的身体的馈赠，因此，它们转变为教条。这样的传统让话语取代了生命，但又没有在两者之间建立起必要的关联。然而也许正是这类关联使生命和语言相互庇佑、滋养，彼此赋予新生，对话中尤为如此，因为对话中可能发生觉醒以及气息的产生或停滞。尊重气息的那些传统转变为（让自身）屈从于话语、神圣的抽象语言并且不顾及气息的传统，在此过程中，说话的模式发生了转变，它从诗性的言说、赞扬的歌唱、称颂的祈祷和对话演变为业已写下的讲话或文章，这类文本经常诉诸于命令，其对象不是宇宙的实在性或他（她）者而是个体，个体又处在个体与社会群体的关系之中。这样一来，上述个体的明示或暗含的模型就是被他的人或神的世系决定的男人，男人臣服于神明的权威，这些神明与其同性别且经常处于缺席状态。

因此在这类父权型视域中，话语的作用以及语言中的、通过语言进行的气息的流转都发生了改变。语言服从的是仪轨、重复讲述、价值的次要性分配、思辨以及与生命及其气息不符的逻辑。语言已经被从其当前的产生机制中连根拔起，而它本来是与我的身体能量、他（她）者的能量、周围自然世界的能量相关联的。所以，诗篇的书写，赞扬的歌唱还有对自然、对恋人、对我们代表或也许能代表的神性的提问以及时有出现的要求，本来都是以另一种方式使用呼吸的，但是现在它们使用呼吸的方式服从于业已写下的话语或篇章，它们表述的是秩序、律法、强制性真理而不是赞颂、宽恕和发问。在转变发生之前，我们近似于照管、尊重、培育生命的人类和神明。我们是保护、孕育、延展生命的人或神，我们一直与宇宙世界、与我们身体的本质密切相联，我们不仅仅是某个民族、某个社会的产物，我们是活生生的，我们不仅仅是被制造的并且在制造过程中因由返归向自我、返归于自我的可能的缺失而被异化的存在。我们悄无声息地把我们维系生命所必需的呼吸转变为精神层面的气息。

自然成为精神，同时它又依旧还是自然。

我以这样的方式解读与佛陀诞生以及神子出生相关的神话，特别是天使报喜（Annonciation）之谜。在我看来，尊重玛丽亚的处女之身并不在于将一位逻各斯—圣父（Père-logos）强加于她，使她在其女性身体之外从逻各斯—圣父处接收一个儿子——这是人们通常教授这则神话的方式——这意味着在不询问她是否希望如此或想要如此的情况下不碰触她的身体。当我们庆祝“天使报喜”时，我们其实是以此名义庆祝一个男人和一个女人在一切肉体接触和受孕行为之前彼此分享话语的时刻。精神层面的教条所传达的信息，却往往与我理解的“天使报喜”这一时刻所教授的信息相反。这些教条的主旨是服从，它们不经过任何语言交流就把服从强加于人。

然而，我们对言语的尊重不是通过强制的形式，而是通过女人和男人之间对话的方式。正是对言语的尊重使得呼吸从基础生命力的生理中心——腹部的**脉轮**——转入心灵、语言、思想的生理中心。这种转移是通过言语中承载的气息的中介实现的。

向玛丽亚报喜被作为一种道成肉身的形而下神

学呈现给我们：父神派遣一名使者通知玛丽亚她将怀上他的儿子。这种解读似乎与父权时代的神话体系相关。我们可以给出另一种解读，这种解读确实不那么形象化，但却更具伦理性，更接近一种形而上的神学，一种传统上忠于女性宗教的神学。如此一来，“天使报喜”对应的是婚礼庆典前恋人间的话语分享。在这种神学中，男人不再是女人组成的躯干的头部，逻各斯—圣父不再是让自然—母亲受孕的种子。男人和女人在肉体和精神层面共同呼吸、共同生育。他们之间的联盟意味着肉体成为言辞，即宣告、发问、对话、感激、相会之诗等等，也意味着言辞成为肉体，即爱情、孩子。这种辩证的转化往复进行直至无限。宣告成为了身体，话语的繁育力促成了不只具有自然性还具有精神性的生育行为，圣母赞歌就是为此而歌唱的颂歌。

从这一视角看，言语的交流取代了命令和不会得到答复的发问（你爱我吗？我是谁？）。逻各斯具有了对话属性，它变成了活生生的人之间的关系，而不是处于理想化超越中的真理的绽出。男性和女性相互交谈，共同实现受孕。我们可以用一种不同于传统的方式来理解对玛丽亚的宣告：男人不是发号施令或将意志强加于人，他愿意去询问女人的意见，得到她的首肯。所以，“天使报喜”重述了《雅歌》中的期待：“等到她希冀爱情之时再唤醒爱情”。[1]

在这种分享之中，肉体行为成为话语行为，该话语尊重女人和男人，它记取了沉默和气息。

这种话语还保有着触感。它不为指代某种实在、某个真理、某个外在于身体的物体服务。它不屈从于占有以及对外物的获取。它也不会沦落到把话语据为己有，据为已制度化的真理所有。它更不会是单义情感的外化。话语被用于自我之间的交流。

因此在交流行为中，**间接触摸（toucher à）**介入进来，这种触摸尊重他（她）者，但同时也对他（她）者给予关注，包括肉欲方面的关注。

这种**间接触摸**需要沉默。必需有沉默才能给他（她）者留出空间，沉默打断了触及一切，触及所有男性或女性的那种间接触摸的接续性。

这种**间接触摸**必然需要气息。气息保证了生命以及生命时间化的存在，它们的存在处于不会摧毁他（她）者的自身生成之中。

1　法语原文为 Ne réveillez pas l’amour jusqu’à ce qu’elle le veuille。——中译注

这种**间接触摸**要求人们关注话语的感性质地，关注语气，说话的腔调和节奏以及语义和语音层面的词语选择。

此外，还需要有一种能与他（她）者构成或建立关系的句法结构，否则上述**间接触摸**就不会发生。相较于祈使句，这种句法结构更倾向于使用疑问句；它取用的谓语能够体现出与他（她）者意向性兼容的意向性；它中意于表述对话和共同行动的动词；及物形式总有让他（她）者沦为客体的风险，因此相较于及物形式，它更乐于使用（经常被用于引导间接宾语的）介词“à”以及介词“entre”（之间）、介词“avec”（和、与、同）和副词“ensemble”（一起）。

这种**间接触摸**不能是占有、俘获、（对我、向我、于我的）引诱以及裹挟，而是向他/她唤醒他（她）者，是对共存、联动和对话的呼吁。

这种**间接触摸**的意图不是要将他（她）者与其时间性，与其私密性或者说是属于其自身的内在性剥离开来，也不是要使他（她）者重新陷入纯粹触摸的自然直接性之中。这种**间接触摸**里存在自然与精神，存在气息、感性、身体和话语。

间接触摸的意图是在**与**他（她）者交流之所感动他（她）者，在那里心灵和话语依然是感性的。吸气的动作想要唤醒他（她）者去进行话语交换，在话语交换中语言产生并维持于两个身体之间，通过尊重两个身体的差异性，通过在不剥夺两个身体的肉欲的前提下使其精神化，来维持两个身体都是其所是。

男女之间的关系似乎是最需要语言的关系，因为他们之间存在不可消减性，这种不可消减性防止人们用使他（她）者沦为客体或另一个自我的方式来理解他（她）者。对于男人和女人、男性群体和女性群体来说，话语是不可或缺的，但是它不能替代**间接触摸**。它不能割裂它本计划拉近、结合、使其彼此对话的男性和女性。因此，话语要去触摸但又不会变为触觉的异化，这点尤为重要，触觉的异化发生在占有之中，发生在某种真理的制定或脱离肉体的超越中，发生在某种抽象的或所谓中性的言说的制造中。话语应当一直都既是具体的语言也是肉体，既是一般性的语言也是感性。

在这种话语中，感性和智性不再分离，两者间更不会出现等级差异，这种等级差异只会有利于一种针对身体属性的怪异思辨。话语是可理解的因为它依然是感性的，它关联于单个或多个主体的世界的声音、节奏、感觉的性质。

在这样的话语中不会出现主动性和被动性的对立。这是实现以下目标的条件：两者“之间”的交流行为，相互性，对自己的性别（但我们的性别从来不完全属于自己，因为性别中某些部分的产生、存续是外在于自身的）和他（她）者的性别的尊重，对倾听者和沉默者的尊重，在不消减、不诱惑的情况下进行的**间接触摸**，对感性的维护等等。

如此一来，我们便可克服祈使句和疑问句之间的分离，尤其是分布于两性之间的这种分离。我依据你对我的发问调整自己。在任何义务中都存在一个“问号”，它使义务无法成为人们必须相信、必须效忠的权威。没有任何一种律法足以代表那种能以单义的方式号令某种本质、某个身体的感觉。

如此，主体及其意向性便可不受唯我论的统摄。目的论具有了双重单义的属性（这并不意味着模棱两可）。主体向着某个对象说话，但主体也从对象处接收，主体由他/她定义。只要不将“**你**”消减为自身的同一，消减为自身的形象和自身专有的典范，消减为海市蜃楼和梦幻泡影，“**我**”也是产生自“你”。

任何对某个计划、某个方案、某个行为的简单控制都会被挫败。主体并非独自生成意义、完成使命、实现功绩。不过，主体与一个或多个其他主体的互动不一定是直接的，这种互动可能会经由不同形式的中介来进行。我可以与过去、现在、将来都不在场的男人或女人建立意向、协助、依赖等性质的关系。我可能被永久都不在场的某个男人或女人决定，例如，他或她可以通过其持续存在的话语或作品实现这一点。

主体之间的相互依存不再被消减为占有、交流问题或是对物、金钱、既存观念的分享问题。这种相互依存将通过主体性的构成得以解决。没有任何形式的财产的自身价值不是由主体赋予的。某个或多个主体的生成以及主体之间的关系不再取决于客体性（objectalité）、财产或财产的价值。这些主体投入一种关系，从中发生改变而后脱离，这样做的目的是使主体们在实现主观性的同时忠于其本性。这一经历也许对应着某些神话中描述的一场让人满意的寻获。但是这不再事关寻找某个东西，占有心爱之人，即外在于自我的典范。该经历是内在的并且伴随着另一个人的进程，另一个人始终外在于我，但同时也影响着我的经历。意向关乎我们所是的物质的生成，关乎我们身体、性别、历史的形态变化。这一操作于此时此地在我们之间实现，它没有脱离大地和肉体，而后两者是我们的生存之所。意向要求我们发明一种语言，这种语言能让我们在不放弃我们本性的属性和性质的情况下实现交流和交换。

这种投入既是唯一的又具有多重性，它发生在不同性别的主体之间，在这种投入中，泛指主语人称代词“**on**”的无人称属性连同它的权限都趋于泯灭，而它的权限是与无差异化或所谓中性的能量的总和相关的。“**on**”是某种描述“所有人都等同”的抽象个体，该个体的一般属性和独特属性在家庭制度中既被浓缩又被废除，而在上述投入中**男人**不再是“**on**”。**女人**从“**on**”的匿名状态以及可以被另一个女人取代的可替代状态中解脱出来，在这两种状态中她是作为有用之物和交换之物存在的，女人自然层面和抽象层面的属性和用途，由特定社会的需求决定，由文化及其附带的行为规范所处的时代的需求决定。**群体**不再作为可能的“**on**”出现。它由真正的人，由女性群体和男性群体组成，人们组织群体所依据和通过的是两性差异的排布。缺乏或丧失身份的中性不复存在，只有当我们不忠实于自身的性别时它才会出现。在群体中，个体责任有可能被遗忘或废弃，中性的消失可以避免把这样的群体加以全面化的风险。女人和男人之间的关系，女性群体和男性群体之间的关系不断地调整着集体能量，使其在最感性和最具精神性的两种状态之间变化。形成能够被首领、权力、意识形态操纵的大众意志的可能性在每一刻都受到阻挠。

还有一个理论问题尚待解决。中性被认为代表着非阳非阴的概念。此概念具有意义的前提是阳性和阴性的存在，单一的人类模型被人为设定了对立的两极，充当两极的这两种身份被以不同的方式定义。即便每个人的身份尚未完全确定或塑造完成，人们仍需把这两种不可消减为彼此的身份作为基础。

但是，中性是否真的存在？它是什么？它的内容又能是什么？语言中的中性在我们这个时代对应的是何种实在？如果中性不指向任何实在，它又有何用途？为了维持两种不同但也不对立的实在之间的对抗？为了支持语言作为一种与生命即其属性并立的自主且抽象的基质的存在？

有的人在不清楚中性化或造词这两种操作到底抹杀了什么的情况下就主张实现这两种操作，其实在此之前，似乎更应该先指明、阐述这两种操作到底是什么。这样一来，存在的就是女孩和男孩两词。“孩子们”一词不就是用于表述混合了阴性名词和阳性名词的复数名词的简洁方式？世界上存在的是女性群体和男性群体。为什么要为了使之隶属于一种抽象且意义不清的人类属性[1]而牺牲他们的实在性呢？

1 指语言学和哲学意义上的中性。——中译注

实用教育：
爱——游走于激情与礼性之间

现今，文化日益世界化、普遍化，但是这种世界性和普遍性已经无法被驾驭，它们脱离了我们的掌控，并且用不同的信念、主张、梦想或经历分化、割裂着我们，我们现在似乎应当向着我们可以驾驭的事物回归，这种事物就是爱。

如何以不同的方式表述“我爱你”？这是最切合我们这个时代的问题之一。我们已稍稍学会去分享痛苦、金钱以及生活状况。我们对多少有些或模糊或具体的同类施以慷慨或仁慈，离我们最远的人经常比离我们最近的人得到更多尊重，死者比生者更受崇敬。我们尚不知如何在此时、此地抱着尊重和互惠的态度彼此相爱。无论是在身体还是话语方面，我们都依然臣服于某些人施加的权力或等级制，在附属于**客体、物**以及**财产**的关系排布，尤其是爱情关系的排布中，这些人有时是所有者，有时是拥有**更多**或**更少**财富以及知识或性生活的人，有时是能够给予或接收**某些东西**的人。我们对于作为人的个体之间的分享，对于两个人之间爱的分享都几乎一无所知。我们尚需实现从个体和集体的人类历史的一个阶段向另一个阶段的过渡。

这场文化层面的演进（或革命）的最根本、最基础之处，在于它发生在男人与女人、男性群体与女性群体的关系的转变之中。

那么，如何用另一种方式表述“我爱你”？

为了在尊重既存现实的前提下回答该问题，我调查了女性和男性的说话方式，还针对他们的话语、他们的梦想以及爱的体验进行了另外一些调查。我与拥有不同母语、不同文化、不同宗教背景的女性和男性合作者一起推进这些调查。调查对象的年龄和社会文化水平也各不相同。

女性群体和男性群体给出的回答呈现出多项差异，这些差异不仅解释了他们之间的吸引力，还说明了他们在实现以彼此为对象的欲望以及彼此结合时遭遇的困难。

在本书中我记录了其中一项让我印象深刻的差异：女性群体特别重视主体之间的关系而男性群体将优先性赋予以客体为对象的关系。

由此，小女孩对其母亲说出的真实或想象的话语，总关乎两个相互对话的人，这两个人被呈现为共同做着某事的人。她们之间除了交流行为之外，很少会徘徊着某个客体。小女孩向她的母亲显示了充满爱意的意向，从某种意义上说它是伦理性的。在小女孩与其母之间，从她到她建立起一个合理而联通的微观社会。这个群体产生自两个女人之间，一位年幼，一位年长，一个是小写的她和一个是大写的她。不幸的是，母亲在面对女儿时没有表现出同样的主体间的尊重。即使她们依然是两个个人，她们也不再拥有同样的话语权。母亲发号施令，女儿聆听、服从。年长者似乎在年幼者身上重复施加着当初她作为女人被强加的东西。一种男性支配的文化介入母女中间，它打断了充满爱意的象征性交流。男性针对客体的立场把两位都是主体女性分割开来。她们之间传递的讯息，不再是将说话的机会留给对方的提问，而是变成了表述所需完成行为的命令。母亲的话语中出现的近乎颠覆女儿意向的元素还有另一个起因，那就是**他（们）**相对于**她（们）**的优先性，这让女儿的地位低于儿子，母亲对儿子说话时使用的是另一种方式。当前依然存在的将女人消减为母亲的做法，也使得女人无法拥有帮助她与其自身性别建立联系的文化中介。

不过，少女们还是梦想着实现主体间的交流。她们的理想是与男性爱人（有时是先与女性爱人）分享肉体和精神之爱。她们梦想得到的是身体与精神的共体（communion），话语交换和社会活动的共体。奇怪的是，相较于成为母亲，她们更多地渴望着与男性伙伴分享爱情。对她们来说，生育是**与**某人之爱的果实而非一种占有的结果。

因此，小女孩们充满爱意地以社交的方式讲话，少女们渴望与人分享爱情。小女孩们和少女们都表现出建立主体间关系的意愿，即**与**某人生活的意愿。

小男孩们谈论的是对事物的占有，之后他们还会讨论各种各样的想法；处于青春期的少年们梦想着在性事、爱情、社交方面有所斩获，而不是与人分享什么。这主要可以通过如下说法得到解释，他们需要一种物体性构建来阻止倒退回乱伦的愿望。

如何在如此不同的两种身份之间搭建桥梁?

这项任务要求我们进行文化变革和司法变革。习俗方面的变革需要漫长的时间，所以司法变革更为迫切。

要想去爱，就必须有两个人。人是由公民身份定义的。可是，在民法中并不存在女人作为女人的定义，此外，民法中也没有男人作为男人的定义。因此，在爱情中男人和女人没有被定义为有性别差异的两种身份，而是被定义为事实上并不存在的中性个体，或者是本能的、生殖的自然本性。

若要忠于她们激发的性解放和政治领域的变革，实现我们在此处和他处的文化共存，就有必要赋予女性群体和男性群体与他们各自的现实需求相符的权利。

对于女人来说，这类权利至少包括以下四项：

——身体和精神不受侵犯的权利，即拥有受积极法律保障的公民身份，该法律使每位女性在面对强奸（把强奸同化为犯罪但不将其视作强奸）、殴打、乱伦、色情和非自愿卖淫时，不用不停地通过单纯针对这些行为的处罚来保护自己，尤其是通过与女性的身体和话语的公共表象相关的习俗来保护自己；

——自由地选择做或不做母亲的权利，即女性在做这项选择时，不受国家元首或教会直接地或通过机构间接地施加在女性身上的，财政或意识形态方面的实际权力的影响；

——女性拥有文化的权利，即保障女性拥有适合其女性身份的语言、宗教、科学、艺术的权利；

——母亲与孩子的优惠权和互惠权，特别应保障他们免于遭受暴力和经济困顿，应援助身处跨文化婚姻中的母亲和孩子，目前还是欠缺专门针对这种婚姻的立法。

由于这类立法的缺失，女人依然受制于某种家庭—夫妻制度，在此制度中她不能作为女人享有权利，恋人们也是如此。在该制度中，婚姻契约的主要内容是扶养配偶、生育抚养子女以及获取和占有财产，作为父亲的男人从过去到现在都被认为是财产的最主要的管理者（只有在已立法允许女人拥有财产所有权的国家并且在该法律的适用范围之内，与男人地位平等的女人才能拥有动产或不动产）。

我国[1]《民法典》中对法定结婚年龄的规定就印证

1　指法国。——中译注

了这一点：对于男人来说，最小法定结婚年龄是民事上的成年年龄，对于女人来说，最小法定结婚年龄是与生育有关的生理上成熟的年龄。尽管存在一些例外，邻近国家的法典一般都是以这条规则为准。未成年少女“经由婚姻”步入成年，这又一次体现出，统摄女性的是既存的制度和习俗，而不是民事上对其作为人的自主性的承认。

因此，人们应当为了爱情变更法律。只有女人和男人达到民事上的成年，恋人们在爱情中才依然是两个个体，他们的结合才能得到对其中每个人都有价值的许诺的保障。

同整个文化领域一样，民法方面的问题在于，人们应更少从占有角度思考，更多从存在角度思考，以便通过两个不同的人类的存在，即男人和女人的存在，来实现对存在的捍卫。

法律变革最好能够尽快推进，如此我们便有时间改变我们的惯常做法和风俗习惯。这些变革有助于赋予构成民事社会的男、女公民真实的身份，而不会再依据对私人或公共财产的占有来定义他们。

为了介入到文化演变之中，特别是介入到爱情与话语的关系之中，我们可以随时采取两项举措，它们都与我们习惯中的惰性相关，即改变我们说话、交流的方法，以及变更我们爱人的方式。

我们每个人都能专注于承认他（她）者，将其视作意义的不可消减的源泉。我们可以像把话语权给予或留给男性群体那样，将其给予或留给女性群体，我们可以着意允许和促进拥有不同性别的**我**和**你**之间的话语交换。无论女性还是男性都能够像使用**他（们）**一词那样频繁地使用**她（们）**，这意味着使**我**$_{\text{她}}$和**我**$_{\text{他}}$，**你**$_{\text{她}}$和**你**$_{\text{他}}$拥有具备同样价值的客观表象。虽然女人们已经开始学着使用**我**——抑或是她们停留于我们文化中以“我”为核心的阶段？——但她们依然非常少使用**她（们）**来指代她（们）自己或其他女性。所以她们口中的**你**、**您**、**我们**往往指的是**你**$_{\text{他}}$、**他 / 她**[1]$_{\text{他}}$、**他们**。对**她（们）**的着意使用可以在不知不觉中改变我们的习惯，使两性之间的关系以及这种关系的性别显像得以辩证化。我们还可以用与听取男性话语相同的方式听取女性话语，无论她们讨论的是关于意义、

1　此处的法语词为间接宾语人称代词“lui”，它既可以指代男性也可以指代女性。——中译注

真理还是美的问题，这种做法有助于构建尊重两性不同身份的意识。我在此只举出少数几个可能的做法：我们可以努力促进话语交流，努力倾听彼此的声音，而不是优先关注物或财产，我们可以努力寻找共存的方式，而不是为了争夺所有权相互对抗。

我们可以逐渐尝试转变我们关于爱情的观念和习得。

在性理论领域，父亲的角色无论在过去还是现在都是立法者，弗洛伊德或拉康的理论都体现了这一点；力比多被界定为冲动的，男性的或者至多是中性的；在这类理论中，欲望理应与爱情无涉；主导成年人性行为的是生殖，而不是男女两性对自身完满的实现。

这些理论也许具有学术性，但它们并未提出一种性文化。它们描述和延续的是一种文化缺失。

伴随这种文化缺失的是个体层面法律组织的欠缺，这体现为：在与父权—家族权力相关的制度中，每个男人和女人都让渡了自己身份中的一部分；公民被定义为男性—中性，公民概念的内容不明；对财产所有权的考量优先于对人及其权利、义务本身的考量；民事、军事、宗教彼此混淆；女性公民的权利与义务，更普遍来说是有性别差异的个体的权利与义务尚未被界定。

我们的文化所面临的危险之一就来自女性群体身份的丧失，她们的身份要么被消减为自然属性、客体或男性的财产，要么被等同于男性身份。然而，长成一个完整的男人还不等于长成一个女人。上述危险对应着一般性身份的缺失，而这种缺失无助于解决个体问题、夫妻问题以及具有性别差异的人类社会的问题。以这种缺失为基础提出的解决方案，也不符合每个人（无论男女）的身份构成，而每个人都生成自女人和男人。

女性群体与封闭的男性社会的合谋，也是导致性理念日益贫乏并且日益倒向性别歧视的原因。欲望表现为近乎机械性的力量，它以纯粹的状态运行，不带有感官和肉体的愉悦。根据这种理论，女人自身是不具有力比多的，她的能量被用来舒缓男人的紧张状态，她成了男人释放压力的场所。在这种抽象的、令人窒息的、沮丧的乃至玩世不恭的身体与身体的关系中，生育依然是生命和感性存在的实在表征。生育的代价也来源于此。

如果回到我们文化的起源，我们就会发现当时的情况与现今截然不同，在那个时代，女人才是爱情的发起者。彼时，女人不是仆人而是神明，她守护着爱情的肉体和精神维度。于她，爱情与欲望是不可分割的。女神最主要的属性是温柔，该品质并不是指以众生为对象的普遍善意，而是面向另一个性别的差异性情感，这种情感贯穿于肉体行为本身。在我们的神话中，阿芙罗狄忒代表了第一个化为肉身的爱情形象，这种爱不是混沌的，它不是没有尺度、节奏或时间性，它不是只具有宇宙性和纯粹的乱伦性质的那种爱[1]。

因此，人们获得有性别差异的身份所依靠的并不是针对乱伦的父系禁令，而是女人和男人在尊重彼此以及彼此的人类属性的前提下，对两性之间欲望的满足。

根据我们西方的传统，在阿芙罗狄忒之前和之后的时代，性混乱统摄着社会，导致这种倒退情况出现的原因之一，似乎是作为父亲的男性对权力的夺取，之所以会这样是由于作为爱人的男性没能将自身与母

1　关于这一点可参见让·吕达尔（Jean Rudhardt）撰写的《古希腊宇宙起源说中的差异性时代和爱欲及阿芙罗狄忒的作用》（《学术论文与会议论文集》，法兰西公学院编，法兰西大学出版社 1986 年出版）一书中的“女性世系的被遗忘的奥秘”一章。

亲区分开来，母亲再次被同化为无意识的自然。父亲颁布的乱伦禁令没有阻止男人倒退回混乱的性冲动中，受到这种冲动驱使，在与作为母亲的女人的疏远中所积聚的能量没有被男人与他人分享，而是被毫无节制地耗费掉了。未分化状态被设想为人在出生前与母亲融合关联的状态，而繁衍的义务则被当作对抗死亡和倒退回未分化状态的解药。除了工作和获取财产之外，唯一能让男人不彻底投身爱欲的可把握的实在，被认为是生育和组建家庭。在我们的文化中，从肉体的变化或与夫妻之间婚姻契约对应的自为的可能性看来，工作和获取财产被视为惩罚或救赎的形式。

从上述视角看，男性需求决定了两性之间的关系，女人的身份则没有被纳入考量，女性身份所蕴含的，其实是对他（她）者的欲望以及与他（她）者分享的欲望。女人由同性别的人所生，相较于男人，她对倒退回与母亲的融合的怀旧情结知之甚少，她更多地是通过非自然的人为方式了解到这一点的。

女孩先是经历了对与母亲关系的渴望，随后这种欲望几乎完全转移到了男人身上，她这样做是出于正面或负面的动机，我们的文化中缺乏让女孩保持其女人身份的中介。正如我之前指出的那样，我们注意到最具主体间性的语言体系产生自小女孩之于其母的关系，这着实让人感动，但是母亲之于小女孩的关系并不具有这种属性。女性的惆怅源自对交流的渴望而不是对回归的怀念，尤其不是对倒退回与自然的未分化状态的怀念。

但是在一**种**父权型世系普遍存在的时代，女性谱系被抹杀，（某个儿子的）妻子成为（某个儿子的）母亲，父亲的依旧是处女的女儿在男人之间被作为处女变现。然而，女人无论做处女还是做母亲都应当是为了她自己，她本性中的这些属性缔造着她的精神生成，她的权利和义务，她不应被消减为最初级的自然主义造物，对于那种造物来说贞操等同于处女膜的存在，母性等同于在现实中进行过生育行为。现今，宗教和国家机构不就依然认为女人是具有自然属性的躯体，而男人，无论他是教会的首领、国家元首还是一家之长，都是这具女性躯体的精神性头颅？

在这种排布中，两性之间的主体间关系是不成熟的，在性关系层面尤为如此。男人和女人不认为对方是拥有不同身份的两个个人。他们结婚或相会的基础是关于占有食物、住所、财务、子女等等的契约。两性受限于这类民事承诺的事实主要体现了与性行为相关的禁令和廉耻心。但是这样的法律表述无益于主观内在性的实现。平权的诉求特别是法律方面的平权诉求也有可能会导致每个性别自身身份定义方面的倒退。

事实上对于我们来说，与性理念、肉体、一般性身份相关的文化依然是缺失的。

我们困于爱情和禁忌体系之间。爱情是自然而然的，我们越少谈论爱情，爱情进行得越顺畅。禁忌体系影响着不同生理性别的人之间的关系。那么，这到底是一种什么样的爱情？

远东的传统方法特别是瑜伽习俗，加上与之密不可分的哲学冥想，指给了我另一条道路，这条路不是通向释放，而是通向能量的充盈、再生和培育。具体来说，正如我在导论中谈到的那样，这意味着在我们的身体中存在一些能量中心，即**脉轮**，它们位于各种不同的生理、精神机能的交汇处。依据传统，能量的唤醒和循环通过这些中转站进行，并且依附于物质的原始状态，即土、水、火、气、以太，与之对应的是特定的浓度、形式、颜色、音节、神灵以及基点。

如此，“在修行者体内，脚和膝盖之间的部分属于土元素；土元素是黄色的方形；音节 Lam 象征着土元素；在这片身体区域中气息的流转伴随着关于梵天

（Brahman）的冥想，梵天是金色的颜色之神……”[1]

修习者做出适当的姿势、动作，把控呼吸，勾勒形状和颜色以及发出声音，努力把身体中的不同**脉轮**同宇宙的诸多维度联系起来。经验丰富的执业者教授给他们这种关于能量的知识，人们更倾向于口口相传的教授方式。无论是涉及微观宇宙还是宏观宇宙的自然，其精神化都与神灵崇拜相关联，这些神灵是身体或世界的某些部分的守护者，他们自身也一直从属于生成和能量的肉身化。这种肉身化可以经由放弃两性间的肉体欲望来实现，这与西方修士所选择的生活类似，但是这种退隐的场所是森林或山区而不是修道院，相较于群体生活，修习者更愿意过离群索居的生活，他们在经历过完满的情色生活后选择禁欲。

能量的培育还可能以获得爱情的至福为目的。因此，在被公开的文本中，经常看到男人对女神的身体和性器官的崇拜。不过这并不妨碍能量知识成为男女

1 节选自《瑜伽真性奥义书》（*Yogatattva Upanishad*），转载于《瑜伽奥义书》（*Upanishads du yoga*）（让·瓦雷纳译），“联合国教科文组织系列选集”（Coll. Tel Unesco），伽利玛出版社出版。还可参考（Lilian Silburn）所著的《昆达里尼，创始者们的能量》一书（双洋出版社 1983 年于巴黎出版）。

间肉体和精神关系的载体，这是一种两人参与的带有相互性的关系，在这种关系中，两性作为微观宇宙和宏观宇宙的人性结合在一起。

这样一来，男女之爱就变成了对能量的掌握和培育，而不是需要通过现世的生育，以及对天国无性别差异的幸福的信仰——人们通过获取非感性的逻各斯来拥有这种信仰——来获得救赎的能量的本能消耗。肉体行为尤为如此，它不再是向着零度欲望和零度话语的倒退，对于两位恋人中的每一位来说，它都是重生和生成之所。根据我们的传统，被爱者具有客体或动物化的被动属性，而爱人者则具备多少带有意识和勇气的主动属性，但爱情是由两个人完成的，两人之间并不存在被爱者和爱人者的角色的划分。在爱情中女人和男人依然是彼此不同的两者。他们的首要任务是且依然是守护和创造宇宙。

这样一种关于两性关系的文化可以被移植入群体关系之中。男人和女人，女人和男人不是为了（相互）耗费能量而（相互）吸引，他们都为彼此带来可以培育对彼此欲望的东西。

从这个视角看，女性与男性相会的方式发生了改变。

男性和女性接近对方时不再出现某一方**话语**缺失的情况。两方均在场的话语使两个人都可以保有自己的身份。例如，“我爱你”有把他（她）者消减为我的爱的对象的风险。我们在使用这样的话语时需要保持警惕。也许更恰当的说法是：**我爱向你**，或者我爱着你身上的现有和将有的部分，对于我来说它永远都将是陌生的。“我渴望你”比“我爱你”更加具有质疑主体间关系的风险。

另一类话语可以更好地尊重两个彼此相会的主体：

我问候你　　我赞扬你
我感谢你　　我为你庆祝
我讯问你　　我祝福你
我赠送给你　　……

这类话语通常预设了两个人、两个人参与的关系以及相互性。其中隐藏的媒介可能始终是：**你是谁？**

这个问题可能会始终潜伏于男、女之间，男、女相互不可消减。当然，每个人都是不可消减的，但是最根本的不可消减性处于男人和女人之间。让某个男人或女人成为自己的财产或类同自己的人，就是抹杀了“**你是谁**?”这个问题，而正是这个问题维持着男女两性的生成和两性间关系。

因此，爱情和欲望也许永远都将是发问式的并且永远处于形成发问模式的过程中。我爱谁?能够爱人的我又是谁?**我**是谁?**你**是谁?

在那些会培育性吸引力的文化中，某些**动作**倾诉着对相会和结合的渴望。

问候的动作，此外，人们做出这一动作时会调动整个身体。

提出肉体结合的要求，人们用双手来完成这一动作。

根据需要结合的程度，人们会使用不同的手势。

这些话语和动作模式能够与以下元素建立关系：

各种形式，

各种颜色，

各种声音，

各种味道，

各种气息。

这些元素与男人、女人以及他们的每个**脉轮**相配适。

由此，包括肉体之爱在内的爱情被培育和神圣化。做爱行为构成了自己和恋人的精神身体层面的实体转化（transsubstantiation）。它是一场盛宴、庆祝会和重生，而不是衰败、堕落或通过生育得到的救赎。**对**（作为对象的？）他（她）者的欲望转化为**与**他（她）者一**起**的欲望，这种转化使爱情成为肉体的救赎。

这些传统中的值得注意之处在于，思想开始听从自然，听从感性。佛陀对花朵的凝视就是著名的示例。对佛陀来说，这种姿态也许是最完美的行为，因为佛陀在获得精神性的同时尊重着自然。由此，精神对物质的超越，或者说思辨凌驾于感性的优势都不复存在。佛陀通过具有感性和觉醒的肉体而具有精神性。这难道不是关于爱的美好的一课吗？关于爱的另一课来自我们对“天使报喜”的基于非父权视角的解读，我们把“天使报喜”理解为两性关系的象征。

我们今天对“天使报喜”的解读方式过于单义：玛丽亚，你年轻且还是处女，你因此而美丽动人，支配你的主通过他的使者让你获知，他希望成为你所生之子的父亲。对此宣告玛丽亚只能回答“是”，因为她为主所有或者说是主之物。天使依然是未解之谜。

以下是另一种可能的解读：玛丽亚，你从青春期开始就是神圣的，因为你是由忠于自我的女人——被称为无原罪而有孕的安妮——生下的女孩，因此你具有践行主体间性的能力，主体间性是人类之间爱的表达，你是否愿意成为我的爱人和我一起孕育一个孩子？尽管你年轻且没有经验，没有财产，但我认为你配得上成为一名母亲。只有得到你的**同意**，我的爱和我的儿子才具有赎救属性。没有你的话语，我们就无法获得肉体上的救赎或拯救。

这种对“天使报喜”的解读是基于一种关乎身体的物质、精神中心的传统，该中心就是**脉轮**。

如此一来在图像学上：

来自天堂的话语，

太阳的光线，

鸟儿的歌唱，

玛丽亚的（有时是天使的）双手碰触或指向处

于心灵、呼吸和话语之中的身体，而不是精神受孕的宣告。

换言之，上帝并没有在不与玛丽亚进行话语交流的情况下，就把她带入言语和肉体以意向性方式相互丰盈的领域。恋人之间自由地分享话语和聆听，这使得孕育神之子成为可能。在此之前发生了以下过渡：从几乎无差异的身体物质以及两性间的隔离，转向男人和女人之间的言语联盟。在我们的传统中，上帝的降临或化身是由上帝及其宇宙统治的使者，即天使来宣告的。

在印度传统中，鸟往往会为生命的诞生和守护助力，随后它还会帮助人们获得智慧。正是一只鸟协助了造物者毗湿奴（Vishnou）和梵天，鸟还会协助任何有志于实现精神生成的人。最初，鸟陪伴神灵的方式是用身体承载神灵，方便其在空间中移动，随后鸟以发问的形式陪伴神灵。鸟提供的帮助越来越类似于话语。在相互关系中，神的使者是天使，天使行走各处却依然保留着翅膀，当天使移动、呼吸和说话时，翅膀是天使与空气和气息的和谐关系的象征。

因此，面向玛丽亚的宣告可以被解读为以话语的形式向她提出的问题，问题的内容是她是否接受成为上帝的爱人及其儿子的母亲。这个问题当然是不完整的，因为它主要侧重于受孕，尤其侧重于怀上一个儿子；它同时也省略了一部分内容，因为尽管没有明示，但它其实是把玛丽亚的话语定位为圣父和圣子的分离。这个问题应被理解为对玛丽亚精神升华的宣告，而这都是得益于一位能够了解自身意愿，将其内化并用言语和肉体将之与人分享的上帝。

如此，这位上帝可能会是类似佛陀般超越或完满的形象：他是具有恻隐之心的觉醒者，愿意言说、爱人和生养，以便与人一起救赎宏、微观宇宙的整个世界。上帝以这种姿态真正放弃了所有物、客体、权力，从而抵达人的存在，并且与女人的存在一起实现主体间性的完满，女人也能够突破或保持她的处女状态。这种先是缔结于在两者之间继而扩展到群体的联盟，也许能成为人类历史最终目的的化身，或者至少可以为其开辟一个新时代。

跋

如果女人与男人忠实于各自的性别，那么他们的相会就能达到普遍性的维度。这一事件揭示了人类历史建设中的缺陷，也展现出人们需要有意识地、积极地去构筑新时代的前景。

所有男人和女人都以真正民主的方式参与生活、文化治理的局面的确还没有到来。无论是自然、主体抑或绝对都不可能是“单一”，然而“多重”有通向死亡的风险，以上启示尚处于人们的盲区。人们依然对女人（们）和男人（们）之间的繁育力知之甚少。繁育子女是一种自然行为，它并不标志着人类与其他物种之间的真正差异。如果有人确信我们已经可以根据还未切实具备二重性的自己的意志和精神意愿来生育子女，那就未免过于自负了。此外，繁育力也许不足以构建我们作为男人和女人的身份，它只能构建出我们作为父亲和母亲的身份。

我们必须要摆脱世系的帝国以便以另外的方式完成繁育的任务，履行繁育的责任。把权力交付给孩童似乎是一种无能的姿态，对父神的回归则难以遮掩丧失理智的绝望。我们只剩下一个选择：在非权力性主权的基础上重新建立起人与人之间的关系，这种主权就是以女人或男人的身份存在。

我们的使命难道不就是把这样的一般性命运培育为一切私人和公共关系的繁育力？这样做不正是以严肃的态度接续我们传统的成果，特别是黑格尔理论的成果？对于这项工作来说，问题的关键不再是仅仅颠覆某种垂直结构，而是让超越性具有横向框架。承认你，承认作为男性的你于我是超验的，并且在自然和精神层面保持我们之间——女人和男人之间——的超验性，不正意味着对一切等级制，一切权力结构，一切抽象的和空想的观念设定的最终摒弃？这不就是一条通向另一种更加真实、具体、人性化的主体性、相异性和群体性的道路？同时，这难道不正意味着我们对以下境况的接受：如果我们中的每个男人或女人都忠实于那个拥有某种性别的自己，那么精神就在我们每个人身上，但是受限于自己的一般性身份，我们只能经历该精神中的一部分内容。

于是，人类道成肉身的成果（l’œuvre de l’incarnation humaine）成了辩证法生成的场所。它在自然和文化的两极之间得以实现并且没有为了其中任何一极而放弃另一极。**我**和**你**，**他**和**她**，**我**$_{\text{她}}$和**你**$_{\text{他}}$，**我**$_{\text{他}}$和**你**$_{\text{她}}$不可相互消减并且是自然和文化的共同缔造者，在主观和客观层面上，道成肉身硕果的完满得益于上述几对要素的劳作和他们各自之间发生的劳作。

从这个角度出发，我能理解的那部分普遍性都在我自己身上，我无需去自身之外寻找它，也无需为此放弃我的本性。在一般性身份之中，不用在我之外构建普遍性，它已在我之内，所以特殊和普遍的对立不复存在。当然，无论我的性别是什么，我仍受制于历史的特殊性。但是历史特殊性的独特性和诞生自某种文化、某种精神的中性的（？）普遍性之间不再是矛盾的。拥有一般性身份的我隶属于普遍性，在此视域下，特殊性和普遍性之间的紧张关系得到了解决。绝对（l'absolu）处于我之外的既存的某种自为之中，我不再必须为了融入绝对而远离自我。与此相反，我需要依照我是什么和我是谁——即作为一个女人——来实现自己。在女人所处的人类历史的时代，她应当依据其所要克服的家庭、文化、政治层面的偶然性，尽可能地在自身中和为了自身实现作为普遍性的女性属性。

为了我所属性别的这种生成，我的主观性在保持主观的同时成为了客观性。在使我的性别完满的过程中，我个体历史的感性内在性需要超越某些特殊性，我的性别是我的命运的相对抽象的外在性，我命定隶属于被生出的身体和同性别群体，我的命运需要在保持相对于我的部分的外在性的同时自我内化。

对我来说，不可消减的具体的外在性来自另一个性别，我的内在性在相对于另一性别的差异性中得以构建。我通过构建我所属性别的内在性、精神、观念性而成为一个女人。我的性别依然是部分外在于我的，因为我属于一个历史群体，尤其属于一个女性群体。因为我是一个女人，所以对我来说，与之保持距离，以便为了自己和他人定义我性别的普遍性，并不是根本不可能的事。如此一来，外在性不可消减的标准依然在于另一个性别及其本性的存在。故而除非在某个特定性别的视域中，否则我的内在性不能自认为是绝对或无限。单个性别并不对应整体，而且只有在把他（她）者和世界作为外在于我的持续性存在来对待时，该性别才能确定自身。

因此，我作为一个特殊的，属于某个性别的个体而在自身中与自身区分开来。该操作让我能够在无需客体中介的情况下，与另一性别的个人缔结约定。这也意味着与我缔约的一方也要在自身进行这样的区分。

这种通过对各自性别的忠诚而在自身运作的区分为我们打开了联盟的时空大门，该联盟具有主观和客观属性，它建立的基础是对彼此的承认、双方各自的权利、爱以及文化。

矛盾的是，相较于上述缔结的约定，我如果要和与我同性别的人缔结约定会更加困难，这是因为客观性有在同一性中消解的风险，同时，危险还来自对性别相对其自身充分性的多少带有竞争意味的量化。法律和集体观念的表象是根据意向构成社会性的必要条件，这种意向与具有普遍性的性别相关。对另一个性别的否认取代了针对自身的否定作业，我们显然不能通过这种否认来定义上述意向。换言之，只要我与同性别之人的约定没有与之适宜的正当制度，那么它就会受到表面性、被废除的可能性以及无伦理的感性的威胁。

我与另外一个性别之间的情况却与此不同，这不光是因为——像另一个性别声称的那样——两性间自然地存在吸引力和繁育需要，更是由于差异性产生的创生和否定的双重工作生成的能量，否定的双重工作把直接冲动或绝对欲望转化为一种专注而克制、聚合而可用、开放而审慎的忠实于自身的相互性在场。新的决定意向性的框架由此诞生。在这种框架中，两方有可能在尊重特殊利益和普遍利益的前提下，依靠对方共同实现自然和精神层面的生成。

这种经由否定做出的对一般性的双重定义并不是以抽象的方式产生的。男人和女人必须要相会，而且他们两人都必须要在自身之中、为了自身和他（她）者充当其性别的化身。换句话说，他们必须要为企图成为整体、通晓整体、觊觎整体的对方划定一条界限，他们必须要向对方揭示实体和本体层面的差异性，他们必须为对方的处于特殊且普遍的命运中的性别完善提供助益。他们之间既然存在契约，那就意味着双方要协助，为作为个体和集体的彼此实现其性别的生成助力。

这样的相会和契约会终止双方的无限背离，终止财产、他人以及与集体性、文化、人类历史相关的机构和理论造成的双方的异化。男人和女人代表着自然性与精神性，外在性与内在性，实体与本体，特殊与普遍的结盟。这种结盟的功用不是繁衍也不是财产的获取，而是肉体、精神以及人类历史在和平、至福、丰盈中的实现。

家庭是自然和国家的目的，其成立不能代表男人和女人之间的爱的工作的场所。在任何情况下，“婚姻”都不应导致一般性身份在私人或公共机制中的丧失。它是两种要实现其性别的最终目的的意向性在一起缔结的约定。

男人与女人之间的结合实现了精神的统治。如果没有结合，精神的统治就不会存在。任何对应单一性别的普遍性或是自称为中性的普遍性都是违背精神的谬误。违背精神的谬误是绝对的。除此之外的其他一切都会被谅解。不过还有另一种重罪，那就是摧毁作为所有男人和女人的生命之源的自然本身的罪。

违背精神的谬误可能源自人们对自身的身份的不忠，或者是他们对他（她）者的与其性别配适的意向性的剥夺。

除了实现自己的命运之外，我们每个人还应向普遍意志靠拢。但是普遍意志对应着两种意愿，只有这两种意愿的结合才能在某些时候体现出普遍性的维度。男人的意向指向对善、真和美的追求，这又有何可怀疑的呢？不过，男人是特殊性的存在，他身负其特有的本性、品质、历史的印记。他的意向无法让自己具有普遍的属性。他的全部传统都沾染了以下初始性谬误的污点：他把男人的理性混淆为普遍性。

无论是他的意向还是我的意向都不能被提升至具体的普遍性。然而他和我的意向都以普遍性为目的，都把普遍性作为每个男人和女人（这其中也包括我们自己）的福祉，我们两方意愿的相会能够企及普遍性的维度。它们因为历史原因以及作为其基础的专有文化的原因无疑都具有特殊性，但是，当它们在不消解我们时代的独特性和特殊性也不使之对立的前提下囊括这两者时，它们又具有充分的普遍性。

我们双方的意向忠于各自的性别，它们的相会甚至结盟意味着我们摒弃了一直以来被称为男女之爱的东西，那其中包括：自然直接性中本能的、冲动的吸引力，男、女使命的传统划分（我负责与自然相关之事，你担负与城邦相关之事），因交由人类历史的放任自流而产生的男、女特殊性的多少算是和谐的构成，我们那具有性别差异的存在对由统治者和世俗、宗教法律支配的文化的屈服，人们赋予自然和精神繁衍以优先性等等。

我们不再能重复上述路径。因为过去的那些似乎符合道德规范的做法在今天已变为错误的、应舍弃的、幼稚的行为，这类行为盲目地否决人们对某个性别的归属，它们会导致谎言和不公。

否定是辩证法在我们两性之间的运用，我们如果遵照否定行事，就能保持自身并与他（她）者合作，继而得以生成并建立一种时间性，而不是去信奉那些关于永恒的承诺。我们可以构建出一种关于内在性的人类历史，该内在性没有权力的内核。为了完成这一使命，我们必须由两者构成：男人和女人。这两者将无限地编织出自然与文化，宇宙与社会的关系。

界定和践行我们两者之间的间接关系让我们可以——以夫妇或群体为单位——相互尊重、相互结盟、关爱对方，这将让我们有机会创造出更公正、更幸福的未来。女人（们）和男人（们）之间的关系也就脱离了自然本能。肉体本身在依然是肉体的同时变为精神，情感在仍旧是爱的同时化作精神。

这种“炼金术”需要我们采取以远离求趋近，以具象求升华，以普遍化求个体化的方法、姿态和话语。它意味着一种气息的文化，一种处于土、水、火之间的生成，这种生成超越了惰性、沉溺、冰、火以及空虚。在这种文化中，空气的存续对于生命以及生命向精神的升华来说都是不可或缺的。不过这种升华在其运作的真实性中总带有不确定性。对气息的回归是尊重自身、他（她）者、生命体及其文化的保证。

空气既拉近了我们之间的距离又将我们分隔，既使我们汇聚又在我们之间营造出空间。我们在空中相爱，但它也属于大地。我们有时以几句具有灵感的话语分享空气。但如果树木无法听到这些话语，它们是否就已逝去？空气是生活之所，是培育花朵和天使的地方。我们在那里于生活，于生活之外或之内有所期待，我们在那里呼吸和思考那些聚合我们又分裂我们的东西，让我们与宇宙连结成为可能，使我们的孤独，我们的交换成为可能。空气是生命体的普遍基质。它最为必要也最具精神性。我们从其中诞生，我们有时也会生成它。它是我们具象化和永生的要素。它是我们从最近之处到最远之处的通道的一部分，是我们自己的身份和理智的一部分。空气是我们永远无法停止追逐或几乎不能停止追逐的未来和归路。空气给予了我们内在和外在形式，如果我对你说出的话语真真正正是向你讲出的，并且依旧是我肉体的作品，那么我就可以用空气赋予你形式。

念你，念及你。爱居于思想，思想居于爱：精神诞生于我们身上、我们之间。

爱向你，在“向”一词之中，腾挪出了思考的场所，思考你、我、我们，思考是什么让我们相互奔赴又彼此远离，思考让我们得以生成的差别，思考对于相会，对于能量的物质转化，对于成就使命来说必不可少的间距。

“向你”意味着我们之间存在足够的间距，这让我们可以从情感走向精神，从内在性走向外在性。我看到你，听到你，感知到你，倾听你的声音，注视着你，我被你感动，被你惊讶，我去室外呼吸，我与大地、水、星辰一起思考，我想到你，想着你，想到我们：我们两人，还有所有的男性和所有的女性，我开始去爱，爱向你，我朝你回归，我试着说话，试着对你诉说，诉说某种意愿，某种意向，我于此时诉说，于来日诉说，我将长久地诉说。我向你寻求一处场所和一段时间，这是为了今天，为了不远的将来，这是为了生命，为了我的、你的以及很多人的生命。

“向你”的渠道是试图变为话语的气息。它希望得到外界的帮助，得到思想和人类历史的帮助。

“向你”让等待成为可能。它不只是当下的第三方，还是记忆和创作的空间。**“向你”**是守护之所、生成之所，它悬置了行为或已现实化的真理。“向你”提醒着我们为了构建人类历史所必需的中介。

如何在保持自身不变的同时念你？念及你？有一种方法是不让系词被固化为或被消除为“est”[1]。我们使用介词“à”而不是系词“est”。我朝向你，但没有侵占、没有占有，也没有失去自己的身份，同时又留有间隔。我朝向你、他者、男性。在我们之间，介词“à”体现了没有对象的意向，它是存在的摇篮，而摇篮的边界则是性别差异。

归属于某个性别似乎是辩证法对相异性和主体间性的保证。对所属性别的忠诚让人们能够相聚、相会，同时又借助与他（她）者的差异而保持克制。他（她）者既不是其他人也不是同一。他（她）者是不可消减

---

1 est 是系词 être 第三人称单数的变位形式。法语中的中性代词为第三人称单数，此处可能是指我们应当避免用中性代词取代具有性、数差异的人称的风险，也是指避免以中性替代男性或女性，男性群体或女性群体的风险。——中译注

的，是停留于自我之外的，是永远陌生的。

我们试图相互致意，相互发出信号。能触及我们的为我们带来了愉悦。那么，要爱到什么程度才能保持双方依然是两者的状态？然而，这难道不是爱吗？不是理想中的爱吗？它联通着过去和将来。它守护着生命和时间。它是运行中能量的聚合和扩散。它已成形但尚未实现，它没有绝对的终结。它既不是自然的或纯粹的行为，又同时是这两者。

美帮助我们发现尺度，并且为我们之间关系的增进指明方向。爱的维度助力我们超越直接的情感或吸引力。它通过生成来保持自身，通过保持距离来吸引，它让我们有尊重和沉思的可能。它像太阳一样照亮我们自身和我们彼此。它有时见于一个手势，一个微笑，一段声音，一个词语，它标志着一种相互亲近同时又彼此远离的在场。

我们无疑已经接近彼此，也许还有了交集。你的退却显现出我的存在，我的冥想也献给了你。但愿我们可以把我们的意向作为间接地通向“我们”的道路加以承认。

图书在版编目(CIP)数据

我的爱,向你:我们如何抵达幸福/(法)露西·
伊利格瑞(Luce Irigaray)著;李晓晴译. —上海:
上海人民出版社,2023
ISBN 978-7-208-18320-9

Ⅰ.①我… Ⅱ.①露… ②李… Ⅲ.①性别差异心理
学-研究 Ⅳ.①B844

中国国家版本馆 CIP 数据核字(2023)第 093884 号

责任编辑 马瑞瑞 金 铃
封扉设计 人马艺术设计·储平

我的爱,向你:我们如何抵达幸福
[法]露西·伊利格瑞 著
李晓晴 译

出　　版 上海人民出版社
(201101 上海市闵行区号景路 159 弄 C 座)
发　　行 上海人民出版社发行中心
印　　刷 上海盛通时代印刷有限公司
开　　本 787×1092 1/32
印　　张 8
插　　页 5
字　　数 112,000
版　　次 2023 年 6 月第 1 版
印　　次 2023 年 6 月第 1 次印刷
ISBN 978-7-208-18320-9/B·1689
定　　价 58.00 元